杨振东　主编

文物出版社

图书在版编目(CIP)数据

茅台酒图志 / 杨振东主编. -- 修订本. -- 北京：
文物出版社, 2021.8
　　ISBN 978-7-5010-7143-2

　　Ⅰ.①茅… Ⅱ.①杨… Ⅲ.①茅台酒－图集 Ⅳ.
①TS262.3-64

中国版本图书馆CIP数据核字(2021)第123193号

茅台酒图志（修订本）

主　　编：杨振东

扉页题签：季克良

责任编辑：孙　霞

责任印制：苏　林

摄　　影：杨　罡

出版发行：文物出版社

社　　址：北京市东直门内北小街2号楼

邮　　编：100007

网　　址：http://www.wenwu.com

经　　销：新华书店

印　　制：北京雅昌艺术印刷有限公司

开　　本：889mm×1194mm　1/16

印　　张：37.25

版　　次：2021年8月第1版

印　　次：2021年8月第1次印刷

书　　号：ISBN 978-7-5010-7143-2

定　　价：1299.00元

序一：贵州茅台酒

　　贵州茅台酒从历史的悠久、文化的深厚、工艺的科学独特、品质的特殊、成分的复杂，以及对人类健康的影响来看，可以说是世界上最好的蒸馏酒之一。

茅台酒之所以能成为世界上最好的蒸馏酒，源于当地得天独厚的自然环境和茅台酒的生产工艺。

　　茅台酒生产工艺是先辈们根据酿酒的基本原理，结合当地的自然条件，并吸取了其他发酵食品的优良工艺，经反复实践并不断继承创新，设计了一套与其他名优白酒和世界所有蒸馏酒完全不同的、独一无二的而又非常科学、合理的生产工艺。如季节性生产、重阳投料、端午踩曲、一年一个生产周期、二次投料、三种香型、二年陈贮、二十天发酵、四十天制曲、五月踩曲、六个月陈曲、七次取酒、八次摊凉加曲堆积入池发酵、九次蒸（粮）烤（酒）、十大特点（三高：高温制曲、高温接酒、高温堆积，三低：糖化率低、水分低、出酒率低，三多：轮次多、用曲多、粮耗多，一少：辅料少；另加长期贮存精心勾兑）。从以上工艺可看出，贵州茅台酒的工艺是中国白酒工艺中唯一还保留了农业社会的特征，如季节性生产、高温制曲、高温接酒、粮食基本不磨碎、七次取酒等，因此可以说茅台酒工艺是中国白酒工艺的活化石！正如艺术家们用墨、油彩、纸等创造了精美的书画艺术品一样，我们的制曲师、酿酒师、勾兑师们通过茅台酒工艺把高粱、小麦、水变成了健康食品和液体黄金！可以说茅台酒既是饮品、礼品，也是艺术品，可以收藏。

　　茅台酒之所以成为健康食品，是因为茅台酒中香气香味物质是所有蒸馏酒中最丰富的，现在分析有1000多种，其中酸、酚类物质、萜烯类物质是最丰富的，低沸点物质是最少的，酒精浓度是最合理的，而且是纯天然的从不添加任何其他香气香味物质的白酒。

贵州茅台集团有限公司名誉董事长

2015年5月29日

序二：如何品饮茅台酒

1.开封验其真

饮用茅台酒，当然首先要确定手中的茅台酒的真假。目前，茅台酒已使用了三层防伪：一是圆形五星齿轮麦穗或飞天的镭射标志，二是意大利引进的防盗盖，三是从美国3M公司引进的水印反射标签。

2.荡香观其色

将茅台酒倒入杯中，观察酒的颜色、黏稠度、挂杯效果等，老茅台的颜色会发黄，稍有些黏稠，倒在杯中，酒会沿着酒杯壁慢慢地往上爬，达到一定高度。而一般的酱香型白酒颜色也会发黄，但是会像水一样没有黏稠度，在酒杯中蔓延的高度很低。茅台酒举杯轻摇，奇香扑鼻，异芳惊座。

3.咂香品其味

是将酒杯送到嘴边，轻巧而缓慢地呷一小口，用舌尖将酒分布在口腔里，慢慢品味，再慢慢地品酒并将酒慢慢咽下，自然会发出"咂"的声音，茅台酒会让你的喉咙、食管很舒服。在咂的基础上迅速哈气，让酒气从鼻腔中喷香而出，再充分地调动味觉、嗅觉神经，去捕捉、体味、感悟每一个酒分子的香味，从而达到人酒合一的最高境界。

4.空杯嗅其香

空杯留香，是茅台酒区别于其他白酒的一大特点，毫不逊于口感，对于不善饮酒者而言，甚至胜于口感。在倒过茅台酒的酒杯中，酒的香气会保留很长的时间，并且香气是绵绵不断的。将酒杯凑近鼻子，先凝神屏气，轻轻慢嗅，然后深深吸气，感受那沁人心脾的酱香。

5.掌心留香品其纯

将几滴酒放在手心，双手来回搓几下，闻闻香气。茅台酒在搓的时候会感受到黏稠，香气是缓缓地释放，时间会比较长，并且香气丰富饱满纯正。

中国酒业协会理事长
2015年5月9日

茅台大家族

2021 01 29

目 录

第一章　1704～1952年　传承岁月，茅台酒的前身溯源

20世纪初茅台村出品的茅台酒 ……………………………………………… 002

20世纪30年代成义酒房制造（华茅） …………………………………… 004

20世纪30年代荣和烧房制造（王茅） …………………………………… 006

20世纪40年代恒兴烧房（赖茅） ………………………………………… 008

1952年恒兴烧房（赖茅） ………………………………………………… 010

第二章　1953～1966年　建厂初期，与新中国共同成长

1953年真正茅酒，工农牌贵州茅台酒 …………………………………… 014

1953年金轮牌贵州茅台酒 ………………………………………………… 016

1954年金轮牌贵州茅台酒 ………………………………………………… 018

1955年金轮牌贵州茅台酒 ………………………………………………… 020

1956年金轮牌贵州茅台酒 ………………………………………………… 022

1957年金轮牌贵州茅台酒 ………………………………………………… 024

1958年金轮牌贵州茅台酒（白瓷瓶） …………………………………… 026

1958年金轮牌贵州茅台酒 ………………………………………………… 028

1959年金轮牌贵州茅台酒（飘带白瓷瓶） ……………………………… 030

1959年金轮牌贵州茅台酒（飘带白瓷瓶） ……………………………… 032

1958～1959年飞仙牌贵州茅台酒（白瓷瓶） …………………………… 034

1959年金轮牌贵州茅台酒 ………………………………………………… 036

1960年金轮牌贵州茅台酒 ………………………………………………… 038

1961年飞仙牌贵州茅台酒 ………………………………………………… 040

1962年飞仙牌贵州茅台酒 ………………………………………………… 042

1963年金轮牌贵州茅台酒 ………………………………………………… 044

1964年飞仙牌贵州茅台酒 ·· 046

1965年金轮牌贵州茅台酒 ·· 048

1966年五星牌贵州茅台酒 ·· 050

1966年飞天牌贵州茅台酒（白瓷瓶）··· 052

1966年飞天牌贵州茅台酒（乳白玻璃瓶）··· 054

第三章　1967～1982年　特殊时期，曲折发展保障生产

1967年五星牌贵州茅台酒（白瓷瓶）··· 058

1967年五星牌贵州茅台酒 ·· 060

1968年五星牌贵州茅台酒（白瓷瓶）··· 062

1969年五星牌贵州茅台酒（花褐釉酱茅）··· 064

1970年贵州五星牌茅台酒 ·· 066

1971年五星牌贵州茅台酒 ·· 068

1971年葵花牌贵州茅台酒 ·· 070

1972年五星牌贵州茅台酒 ·· 072

1972年葵花牌贵州茅台酒（棉纸包装）·· 074

1973年五星牌贵州茅台酒（"三大革命"）··· 076

1973年葵花牌贵州茅台酒（棉纸包装）·· 078

1974年五星牌贵州茅台酒（"三大革命"）··· 080

1973～1974年葵花牌贵州茅台酒（贴有海关封签）···································· 082

1974年葵花牌贵州茅台酒 ·· 084

1975年飞天牌贵州茅台酒（大飞天）··· 086

1976年五星牌贵州茅台酒（"三大革命"）··· 088

1976年飞天牌贵州茅台酒（大飞天）··· 090

1977年五星牌贵州茅台酒（"三大革命"）··· 092

1978年葵花牌贵州茅台酒（三大葵花）·· 094

1979年飞天贵州茅台酒（深紫色封膜）·· 096

1980年五星牌贵州茅台酒（金膜"三大革命"）··· 098

1980年飞天牌贵州茅台酒（飞天紫酱）·· 100

1981年五星牌贵州茅台酒（"三大革命"） ·· 102

1982年五星牌贵州茅台酒（"三大革命"） ·· 104

1978～1983年葵花牌贵州茅台酒（小葵花） ·· 106

第四章　1983～2000年　转折新机，产量和质量双提升

1983年五星牌贵州茅台酒（五星黄酱） ·· 110

1983年五星牌贵州茅台酒（7种釉色五星黄酱） ·· 112

1983年飞天牌贵州茅台酒（飞天黄酱） ·· 114

1983年五星牌贵州茅台酒（地方国营） ·· 116

1984年飞天牌贵州茅台酒（大飞天） ·· 118

1966～1990年飞天牌贵州茅台酒（小飞天） ·· 120

1985年五星牌贵州茅台酒（地方国营） ·· 122

1985年飞天牌贵州茅台酒（铁盖茅台） ·· 124

1986年五星牌贵州茅台酒（五星黑酱） ·· 126

1986年五星牌贵州茅台酒（五星浅酱） ·· 128

1986年飞天牌贵州茅台酒（铁盖茅台） ·· 130

1986年五星牌贵州茅台酒（地方国营） ·· 132

1987年五星牌贵州茅台酒（大背标） ·· 134

1988年五星牌贵州茅台酒（铁盖茅台） ·· 136

1989年五星牌贵州茅台酒（铁盖茅台） ·· 138

1990年五星牌贵州茅台酒（确认书铁盖茅台） ··· 140

1990年飞天牌贵州茅台酒（亚运会铁盖茅台） ··· 142

1991年贵州茅台酒（铁盖茅台） ·· 144

1991年贵州茅台酒（铁盖茅台） ·· 146

1992年贵州茅台酒（铁盖茅台） ·· 148

1992年汉帝茅台酒（百年） ·· 150

1993年贵州茅台酒（铁盖茅台） ·· 152

1994年贵州茅台酒（铁盖茅台） ·· 154

1995年贵州茅台酒（铁盖茅台） ·· 156

1996年贵州茅台酒（铁盖茅台） ································· 158

1997年贵州茅台酒 ··· 160

1997年贵州茅台酒（庆香港回归特制酒） ············· 162

1998年贵州茅台酒 ··· 164

1999年贵州茅台酒 ··· 166

1999年贵州茅台酒（澳门回归特制酒） ················· 168

1999年贵州茅台酒（国庆50周年盛典茅台纪念酒） ··· 169

1999年贵州茅台酒（国庆50周年盛典50年茅台纪念酒） ··· 170

2000年贵州茅台酒 ··· 172

2000年贵州茅台酒 ··· 174

2000年贵州茅台酒（新世纪珍藏品） ····················· 176

2000年贵州茅台酒（千年吉祥珍品） ····················· 177

第五章　2001～2006年　蓄势上市，深耕市场高速拓展

2001年贵州茅台酒（申奥、出线、入世） ··············· 180

2001年50年陈年贵州茅台酒（国际金奖八十六周年、辉煌五十年纪念） ··· 181

2002年贵州茅台酒（世纪经典） ····························· 182

2003年贵州茅台酒（纪念突破万吨） ····················· 183

2001年贵州茅台酒 ··· 184

2002年贵州茅台酒 ··· 184

2003年贵州茅台酒 ··· 185

2004年贵州茅台酒 ··· 185

2005年贵州茅台酒 ··· 186

2006年贵州茅台酒 ··· 186

2007年贵州茅台酒 ··· 187

2008年贵州茅台酒 ··· 187

2009年贵州茅台酒 ··· 188

2010年贵州茅台酒 ··· 188

2011年贵州茅台酒 ··· 189

2012年贵州茅台酒 ·· 189

2013年贵州茅台酒 ·· 190

2014年贵州茅台酒 ·· 190

2015年贵州茅台酒 ·· 191

2016年贵州茅台酒 ·· 191

2017年贵州茅台酒 ·· 191

2018年贵州茅台酒 ·· 192

2019年贵州茅台酒 ·· 192

2020年贵州茅台酒 ·· 192

第六章　2007年至今　厚积薄发，领航中国白酒

1966～1967年飞天牌贵州茅台酒（陈年） ····························· 196

1986年贵州茅台酒（英文T开头珍品陈年） ···························· 198

1987～1996年贵州茅台酒（陈年） ·· 200

1997年贵州茅台酒（陈年） ·· 201

15年陈年贵州茅台酒 ··· 202

30年陈年贵州茅台酒 ··· 208

50年陈年贵州茅台酒 ··· 214

80年陈年贵州茅台酒 ··· 220

80年陈年贵州茅台酒（2002年） ·· 222

80年陈年贵州茅台酒（2005年） ·· 223

80年陈年贵州茅台酒（2010年） ·· 224

80年陈年贵州茅台酒（2013年） ·· 225

80年陈年贵州茅台酒（2014年） ·· 226

80年陈年贵州茅台酒（2018年） ·· 227

80年陈年贵州茅台酒（2020年） ·· 228

1986～1987年贵州茅台酒（1704珍品） ······························· 230

1987年贵州茅台酒（英文T字头方印珍品） ··························· 232

1987年贵州茅台酒（英文T字头方印珍品） ··························· 234

1987年贵州茅台酒（陈年珍品） ··· 236

1987年贵州茅台酒（方印压陈年珍品）·· 238

1987～1989年贵州茅台酒（方印珍品）··· 240

1989～1990年贵州茅台酒（曲印珍品）··· 242

1990～1991年贵州茅台酒（大曲印珍品）·· 244

1991～1992年贵州茅台酒（铁盖珍品）··· 246

1993～1994年贵州茅台酒（铁盖木珍）··· 247

1995～1996年贵州茅台酒（铁盖珍品）··· 248

1996年贵州茅台酒（塑盖珍品）·· 249

1997～1999年贵州茅台酒（珍品）·· 250

2000年贵州茅台酒（珍品）··· 252

2001～2008年贵州茅台酒（珍品）·· 253

2004年至今贵州茅台酒（珍品）·· 254

2008年至今贵州茅台酒（紫砂珍品）··· 255

酱香型白酒色泽微黄的原因·· 257

贵州茅台酒走向世界（出口到世界各地的茅台酒）····································· 258

贵州茅台酒（中国国礼）·· 262

第七章　生肖酒、文化酒、纪念酒、定制酒

生肖酒··· 268

十二生肖（限量珍藏版）·· 277

十二生肖（金版）··· 278

十二生肖（铜版）··· 280

燕京八景（陈酿）··· 282

中信金陵酒店·· 284

奥运··· 286

会员··· 288

茅粉节··· 292

贵州茅台酒（卡慕）··· 294

九龙墨宝80年··· 296

九龙墨宝30年··· 298

九龙墨宝15年 ……………………………………………………… 300

中国国画大家（套装36瓶小批量勾兑） ……………………… 302

中国酒韵（典故套装30瓶） …………………………………… 306

中国酒韵（十大人物2016年） ………………………………… 308

中国酒韵（十大花鸟2017年） ………………………………… 309

中国酒韵（十大山水2019年） ………………………………… 310

中国酒韵（十大爱情2020年） ………………………………… 311

建国纪念 ……………………………………………………………… 312

2011年历史见证 光辉历程（陈酿） ………………………… 317

金奖纪念和建厂 …………………………………………………… 318

贵州 …………………………………………………………………… 322

博览会 ………………………………………………………………… 328

高尔夫 ………………………………………………………………… 331

文化酒 ………………………………………………………………… 332

品鉴酒 ………………………………………………………………… 344

纪念酒（一） ……………………………………………………… 346

纪念酒（二） ……………………………………………………… 360

定制酒（一） ……………………………………………………… 368

定制酒（二） ……………………………………………………… 376

定制酒（三） ……………………………………………………… 416

封坛酒 ………………………………………………………………… 428

香港 …………………………………………………………………… 434

澳门 …………………………………………………………………… 438

定制酒公司产品 …………………………………………………… 446

西安世界园艺博览会大全套（10瓶） ……………………… 492

2011十大青铜器（特制茅台酒） …………………………… 494

中国龙 ………………………………………………………………… 496

2010年上海世博大全套（81瓶） …………………………… 498

尊冠百年（金奖百年100瓶） ················· 500

酒版 50～125毫升 ················· 502

附录　品鉴·收藏

1958～1996年茅台酒瓶盖瓶底特征 ················· 508

1953～2021年茅台酒注册标识演变图示 ················· 516

品鉴1958～2021年茅台酒（北京站） ················· 536

品鉴1958～2021年茅台酒（上海站） ················· 537

品鉴1958～2021年茅台酒（广州站） ················· 538

品鉴1958～2021年茅台酒（北京站） ················· 539

品鉴1958～2021年茅台酒（贵州茅台酒厂站） ················· 540

品鉴1958～2021年茅台酒（北京站） ················· 542

品鉴1958～2021年茅台酒（上海站：新荣记） ················· 543

品鉴1958～2021年茅台酒（杭州站） ················· 544

品鉴1958～2021年茅台酒（北京站） ················· 546

品鉴1958～2021年茅台酒（色泽、酒花、空杯留香） ················· 548

品鉴1958～2021年茅台酒分享 ················· 552

茅台酒鉴别要点 ················· 553

1941～1960年茅台酒鉴别要点 ················· 553

1960～1966年茅台酒鉴别要点 ················· 556

1967～1972年茅台酒鉴别要点 ················· 558

1972～1977年茅台酒鉴别要点 ················· 560

1978～1986年茅台酒鉴别要点 ················· 562

1987～1996年茅台酒鉴别要点 ················· 565

1996～2000年茅台酒鉴别要点 ················· 568

2001～2009年茅台酒鉴别要点 ················· 570

2009～2021年茅台酒鉴别要点 ················· 573

第一章

1704～1952年

传承岁月
茅台酒的前身溯源

20世纪初茅台村出品的茅台酒

生产日期	20世纪初
产品规格	
拍卖信息	
成交价格	
收藏指数	★★★★★★

1915 | 2015

GOLD AWARD FOR A CENTURY

1915年巴拿马太平洋万国博览会金牌奖凭

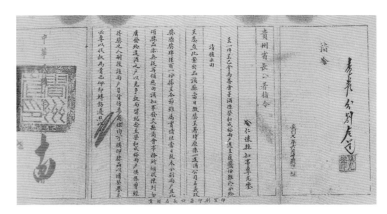

贵州省长公署对茅台酒获巴拿马太平洋万国博览会金奖归属的裁决书

相关记事：

1915年，美国政府为庆祝巴拿马运河通航，在美国旧金山举办集世界各国之精品参展的"巴拿马太平洋万国博览会"这是20世纪初举行的规模最大的一次国际博览会。

当时北洋政府农商部在天津成立商品陈列所，负责征集全国的名优特产送往旧金山，在征集展品时，成义烧房、荣和烧房的茅台酒分别送展。农工部未加分别，一概以"茅台造酒公司"的名义，统称"茅台酒"送出参展。装酒的瓶子是圆形、小口、釉陶质器。博览会上，经各国评酒专家品评，茅台酒以其特有的品质、风格被一致推为世界名酒，获金奖。中国贵州茅台酒与法国科涅克白兰地、英国苏格兰威士忌并称为世界三大蒸馏名酒。

茅台酒获"1915年巴拿马—太平洋国际博览会"金奖后，名声与身价陡增。荣和、成义两家为国际金奖的所属争执不下，互不相让，官司从县城打到省署直到民国十年（1921年），贵州省省长刘显世裁定两家烧房共享荣誉，两家均可在商标上使用获奖名称，才算了结。

自1915年以后，茅台酒的包装也有所改变，民国初年采用紫陶圆罐盛酒，500克装的小包装。商标用红底木刻板印刷黑字，注明某某回沙茅酒，并将"货真价实，童叟无欺"8个字印在"烧房"字样的两边，瓶颈的封口用猪尿脬皮。民国十五年（1926年），军阀周西成执掌黔政，他十分青睐茅台酒，每年大量订购茅台酒作为交际礼品送给国民政府的高官显宦。成义、荣和两家烧房打破陈规包装，改用圆柱形小口釉陶酒瓶，以便于运输，造型也比原瓶美观。商标改用道林纸石印，白底蓝字，一套分为3张，分别贴在正面、背面和瓶口。正面两边印有麦穗，中间是"回沙茅酒"4字。背面说明茅台酒用杨柳湾的天然泉水和精湛工艺酿造而成。荣和烧房还在商标上特别注明茅台酒在巴拿马博览会上荣获金奖的经过，成义烧房还加上了郑珍的诗句"酒冠黔人国"。当时曾有"内政方针，有官皆桐梓；外交礼节，无酒不茅台"之说，形象地道出了茅台酒的影响力。

20世纪30年代成义酒房制造（华茅）

生产日期	20世纪30年代
产品规格	约55％vol　500g
拍卖信息	北京保利2011年6月4日，Lot4431
成交价格	RMB 1,150,000
收藏指数	★★★★★★★

相关记事：

成义烧房原名成裕烧房，始建于清同治元年（1862年），创始人华联辉，字柽坞。华氏原籍江西临川，清康熙年间择居遵义团溪，清同治初年为避乱而由遵义迁至省城贵阳。华联辉且读且商，创办"永隆裕"盐号。

据华联辉之孙华问渠回忆：咸丰末年，华联辉的祖母彭氏年轻时路过茅台村，曾喝过一种好酒，嘱咐华联辉到茅台时带些回来。华联辉因商场应酬较多，也需用佳酒，便于同治元年至茅台村。然茅台村经战乱后，酒房尽毁，物是人非，正逢官府变卖酒房旧址，华联辉便在茅台村购得杨柳湾作坊旧址，他找到昔日酒师，建立简易作坊，酿出的酒果然如同祖母当年饮用的一样。于是继续酿造，仅作为家庭饮用，或馈赠亲友，不对外出售。因酒质优良，亲友们交口称赞，纷纷要求按价让购。其母于1865年逝世后，求酒者更是接踵而至。于是，华联辉决定将酒坊扩大，增加产量，定名为成裕烧房，附属"永隆裕"盐号，后更名为成义烧房。

起初，酒房规模不大，只有两个窖坑，年产1.75吨，酒名叫"回沙茅酒"。直到民国四年（1915年），茅台酒在巴拿马—太平洋万国博览会上获奖后，才引起华氏重视，年产量增加到9吨。

民国三十三年（1944年），成义烧房遭受火灾，大部分烧毁，华问渠恢复重建，并扩大规模，窖坑增加到18个，年产量最高时达到21吨。

抗日战争胜利后，由于茅台酒销路好，利润高，许多商家纷纷仿制茅台酒，市场上的人们就以烧房老板的姓氏来称呼区分茅台，故此拥有百年老窖商标的成义烧房称之为"华茅"。

1951年，第一届中共仁怀县委、仁怀县人民政府请示省、地区专卖部同意，以人民币旧币1.3亿元将成义烧房全部收购，随即成立贵州省专卖事业公司仁怀茅台酒厂（以下简称茅台酒厂）。

聂卫平向季克良讲述这瓶20世纪30年代老茅台的来历

2001年，中国足球出线，聂卫平与季克良、年维泗、徐根宝、戚务生共饮自称1000万元也不卖的瓶底带"H"的"中国孤酒"。

华茅（"H"的瓶底）

20世纪30年代荣和烧房制造（王茅）

生产日期 | 20世纪30年代
产品规格 | 约55％vol　500g
拍卖信息 |
成交价格 |
收藏指数 | ★★★☆☆☆☆

20世纪30年代荣和烧房制造（回沙茅酒）商标

20世纪30年代荣和烧房制造（回沙茅酒）封口标

1946年，赖茅、华茅、王茅刊登在《民族导报》的广告。

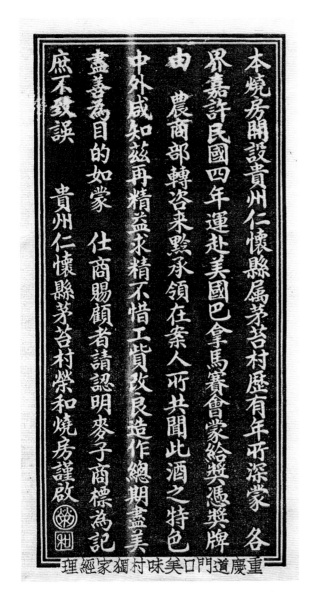

20世纪30年代荣和烧房制造（回沙茅酒）背面商标

相关记事：

　　白乾隆十年（1745年），贵州总督张广泗奏请朝廷动工疏通赤水河后，茅台村成为川盐入黔的四大口岸之一，盐运的兴起，使地处川黔要塞的茅台村商业日趋兴旺发达。来自西北、湖广、川滇一带的商人云集茅台，出现了"蜀盐走贵州，秦商聚茅台"的繁华局面。就在这样的商业环境中，入赘张家的王振发建立了天和号经营盐业，迅速成为一方巨富。发迹后的王振发要经常宴请盐商，于是天和号修建了酒房。酿出的酒品质上乘，客人饮后赞不绝口。而天和号所以酿出如此美酒与茅台村悠久的酿酒历史息息相关。到清嘉庆年间，茅台村的酒无论数量还是质量都达到了一个高峰，形成"家唯储酒卖，船只载盐多"的繁荣局面。清光绪五年（1879年），由仁怀县富绅石荣霄、孙全太与"王天和"盐号老板王立夫（王振发之孙）合股开设酒坊，由股东名字和店名各取一字，命名为荣太和烧房。

　　民国二十五年（1936年），王立夫之子王成俊将股权转让王泽生，王泽生将"荣太和烧房"改名为"荣和烧房"。1949年王泽生去世，荣和烧房由其子王秉乾继续经营，由原来的两个窖坑增加到6个，生产能力达12吨。但由于管理落后，常年产量仅有5吨左右。

　　1951年2月，荣和烧房停止生产。1952年10月，仁怀县财经委员会决定将荣和烧房估价500万人民币旧币划拨给茅台酒厂。

20世纪40年代恒兴烧房（赖茅）

生产日期	20世纪40年代
产品规格	约55％vol　500g
拍卖信息	北京保利2011年6月4日，Lot4430
成交价格	RMB 2,645,000
收藏指数	★★★★★★

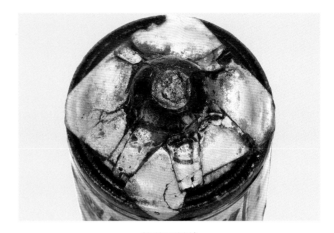

茅酒古窖（原赖茅烧房）　　　　　　　　　　　赖茅酒封盖

相关记事：

赖永初自幼经商，祖籍福建。1915年随父亲学徒。1920年父亲去世，继承"赖兴隆"产业，改专营银钱业务。

1920年前，贵阳盐行"天福公"大盐号的总经理周秉衡在仁怀县茅台村买了酒厂，取名衡昌。因推销不开，与赖永初投资合营。后周秉衡将酒厂产权归赖永初，他改名为"恒兴"酒厂，并开始扩建。

一天，赖永初去馆子吃饭，忽然别桌打起架来，双方争执，一个说对方输了拳不吃酒耍"赖毛"，还把酒倒在他的头上，另一个说对方输了拳不吃酒，还骂他"赖毛"……

"赖毛"二字使他联想到姓赖的茅台酒，不也是"赖毛"二字，若将"赖茅"做商标必定引人注目。于是，酒厂仍叫恒兴，酒名就叫"赖茅"，以示区别其他茅酒。再印上"大鹏"商标，以示远大，并加上科学研究等字。

为了慎重，赖永初把新商标样品寄去香港，印了20万套。他把原来的茅酒重新更换新的商标。还找当时贵阳有名的律师马培忠当法律顾问，由他登报申明：如察觉伪造"赖茅"，律师出面，追究法律责任。另一方面，他又积极研究提高茅酒质量的办法，亲自兑尝，还请很多吃酒的友人试尝品评，试销后果然不错。

赖永初把茅台酒的来源及酿酒方法介绍如下：

1.茅台酒之酿造：首先要选择好地势，在指定地点挖好窖，检查不浸、不漏达到合格后，才将高粱蒸好，下到窖中。小麦造曲，由酒师堆放药料，酒师各有祖传秘方，他们的药料内要放肉桂、巴岩香等料。烤1斤茅酒，需要高粱2斤，造曲需小麦3斤以上，发酵时间需要一个月，自下沙起至丢槽止，要9个月方能完成。由于它发酵长，用曲多，加上其他原因，因此烤出的酒其味香醇无比。

2.存储时间和渗兑方法：烤酒时，仍泼进窖去，名叫回沙。经过回沙后所获之酒，要用大土坛装好。必须将老酒渗兑，要不暴不辣。必须用嘴尝试，以口舌品达，若能达上20余下都还有余味，方为合格。合格后，用油皮（猪尿皮）盖上坛口，又将黄泥封固。坛口外吊上标签，写上年月日所生产之酒，以便查考。存得时间越久越好，越陈越香。

3.包装：酒厂必须用土瓶包装，虽不美观，但是久不变质，可保酒味香醇。若改为玻璃瓶包装，虽然美观，缺点是遇阳光晒后，蒸发变味。

1952年恒兴烧房（赖茅）

生产日期	20世纪50年代
产品规格	约55％vol　500g
拍卖信息	北京保利2011年6月4日，Lot4430
成交价格	RMB 2,645,000
收藏指数	★★★★★★

相关记事：

恒兴烧房的前身衡昌烧房，由贵州人周秉衡于民国十八年（1929年）开办。1938年，周秉衡与贵州商人赖永初合伙组成"大兴实业公司"，集资8万元，周乃以酒厂作价入股。赖永初担任经理，周秉衡任副经理。后因周秉衡之子周扶常亏空2万多银圆，赖永初见此，便亲赴泸州、合江查账。向周秉衡提出还款要求，周秉衡只好把衡昌烧房卖给赖永初，赖补给周秉衡7000银圆，衡昌烧房从此归于赖家。1941年赖永初接手后，把衡昌烧房更名为恒兴烧房，扩大经营，到1947年产量提高到32.5吨。与此同时，利用在外地商号扩大酒的销路。抗日战争胜利后，销到香港。同时，赖永初跻身政界，任贵阳市参议员兼贵州银行、重庆川大银行经理等职。后赖永初把恒兴烧房的茅台酒改为"赖茅"，以此加强恒兴烧房在客户消费者心中的形象。在香港印制了20～30万套商标。针对"成义烧房"百年老窖的商标，"赖茅"特别在商标上注明"用最新的科学方法酿制"的字样。

1946年"赖茅"与其他两家烧房同期在《仁声月刊》上刊登广告，三家的广告都登在同一页，格式相同。三家总厂都在杨柳湾，"赖茅"还在《民族导报》上登茅台酒"是酒中领袖，集香醇大成"的广告。

1953年2月，茅台酒厂接手恒兴烧房。至此，华茅、赖茅、王茅三家私营酿酒烧房全部合并到贵州省专卖事业管理局仁怀茅台酒厂。

特征：

瓶口封纸为锡箔背胶纸，柱形陶瓶，小口，平肩，瓶身呈圆柱形、三节瓶，通体施酱色釉，高20厘米，口径1.5厘米，底径7.3厘米，可容500克（一斤）。商标从左到右依次为字母"R""Q""Y""M""Q""U"。商标正中的图案为一只蓝色的大鹏，展翅于日晕形背景之上。图下则有一行小字"TRADE MARK"，再下则为蓝底白字、从右至左书的"赖茅"两个大字，最下从右至左是"贵州茅台村恒兴酒厰出品"字样。在瓶体上与正标相对应的一面贴有一张背标，比正标略小，约占柱体面积的1/2。背标上方有一日晕背景上的展翅大鹏图案。

茅台酒厂前身之一"恒兴烧房"大门

赖茅顶部（贴有中华人民共和国出口标签）

第二章

1953～1966年

建厂初期
与新中国共同成长

1953年真正茅酒，工农牌贵州茅台酒

生产日期	1951~1953年
产品规格	约55％vol　500g
拍卖信息	
成交价格	
收藏指数	★★★☆☆☆☆

1953年真正茅酒商标

1953年初工农牌商标

相关记事：

1951年，产量20吨。

1952年，产量75吨。

1951年，国家收购成义烧房，组建国营企业贵州省专卖事业公司仁怀茅台酒厂（以下简称茅台酒厂）。

1952年2月之前，茅台酒销售分为散装和瓶装，散装盛酒用具为用猪血处理后糊皮纸的竹篓子，容量为50千克，酒渗漏损失较大。从1952年2月起，全部改为陶瓷瓶装，分500克装和250克装两种。

1952年9月，贵州茅台酒在全国第一届评酒会被评为国家名酒，名列全国八大名酒（茅台酒、汾酒、泸州老窖、西凤酒、绍兴加饭酒、张裕红葡萄酒、张裕金奖白兰地、张裕味美思）之首。

1952年11月1日，政府将荣和烧房划拨给茅台酒厂。

1951年，茅台酒厂依法申请注册茅台酒"工农"牌商标，上端正中为工农携手图案，其下有"贵州茅台酒"5个大字和"贵州省地方国营仁怀酒厂出品"字样。

是年，茅台酒厂由贵州省专卖事业管理局领导，厂名为贵州省专卖事业管理局仁怀茅台酒厂。

1952年7月16日，国家工商行政管理总局通知，茅台酒厂申报的"工农"商标与福建怡隆酿酒厂已呈批的"工农"商标相同，不可核准，唯图样可用。

1952年11月13日，国家工商行政管理局通知，因原"工农"牌商标不能用，并对商标名称提出如下修改参考意见：即金轮、星花、时轮、前进、梁麦、红星、金轮五星。

茅台酒老酒房——成义烧房

1953年金轮牌贵州茅台酒

生产日期	1953年
产品规格	约55％vol　500g
拍卖信息	
成交价格	
收藏指数	★★★☆☆☆☆

1953年金轮牌商标正标

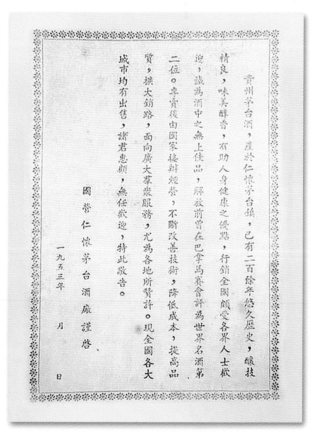

1953年金轮牌商标背标

1953年2月，茅台酒厂厂长张兴忠宣布接收恒兴酒厂。

相关记事：

1953年，产量72吨。

1953年7月29日，省财政经济委员会通知："仁怀茅台酒划为省直企业，由省工业厅领导。"省工业厅委托遵义区专员公署代管，厂名改为贵州省人民政府工业厅茅台酒厂。

特征：

茅台酒厂开始向国外销售，瓶贴印有由金色齿轮、麦穗、谷穗和红色五星组成的"金轮"图案。红色五星喻义"遵义会议""四渡赤水"的长征精神，金色齿轮、麦穗、谷穗、象征工农联盟。商标即今天"五星"商标的前身，但这个"金轮"图案没有在海外注册。此酒标正标内容：红底金边；左上角为金轮商标；中间为白底红字书"贵州茅苔酒"上下附有黑白相间的斜线，使其具有立体感，其中"贵"字为繁体"貴"，台为"苔"；斜线上方烫金部分印有黑色"中外驰名"4字；右下角"國營仁懷酒廠出品"；背标日期为印刷体"一九五三年　月　日"。

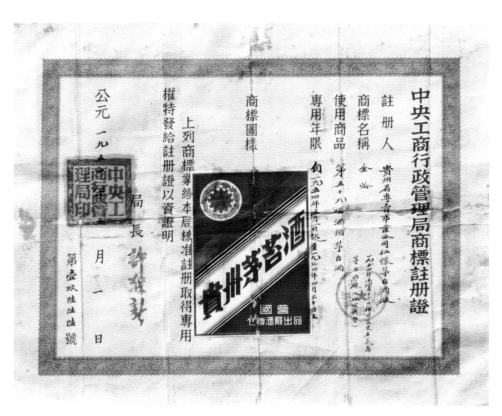

1954年5月1日，"金轮牌贵州茅苔酒"商标在中央工商行政管理局成功注册。

1954年金轮牌贵州茅台酒

生产日期	1954年
产品规格	约55％vol　500g
拍卖信息	
成交价格	
收藏指数	★★★★★★

 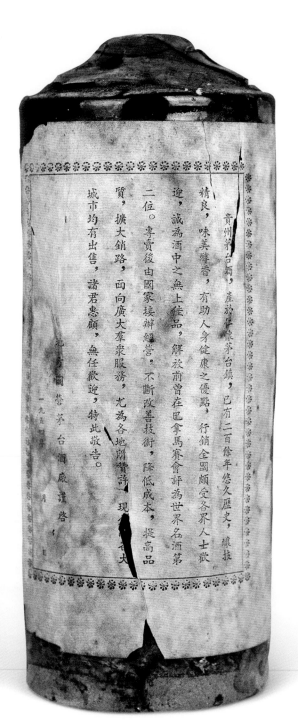

繁体"貴"字

相关记事:

1954年，产量163吨。

1954年5月，遵义区专员公署批准，贵州省人民政府工业厅茅台酒厂更名为地方国营茅台酒厂。

1954年5月10日，茅台酒厂内销注册商标"金轮"牌，注册号19666。

10月，湖北省进出口公司致函茅台酒厂，建议改进包装，要与被誉为名贵国酒的地位相称。

是年，中央指示贵州省委，要求改进茅台酒包装，不要片面强调茅台酒的政治性和增产节约，建议茅台酒的生产操作还是用传统工艺。

是年，国家外贸部门组织茅台酒到东南亚和中国香港展出，获好评。

特征:

1953~1960年，茅台酒酒瓶为圆柱形三节土陶瓶，内用油纸包，木塞封口，外套猪尿脬皮青麻丝扎紧，再用封盖纸封口。这种包装方式的缺点是渗漏大，贮存难。

1954年，出口外销的茅台酒为"金轮"牌。"中外驰名"前加印"MOU-TAI CHIEW"。正标右下角为中英文对照"地方国营茅台酒厂出品"，其中汉字为繁体，顶部贴有出口标签。如下图所示，贴有出口新加坡的标签。日期为"一九五四年　月　日"。

草字头"苔"字

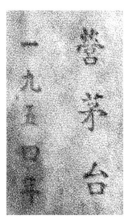

出厂日期：一九五四年

1954年带有出口标识的封盖

1955年金轮牌贵州茅台酒

生产日期	1955年
产品规格	约55％vol　500g
拍卖信息	
成交价格	
收藏指数	★★★★★★

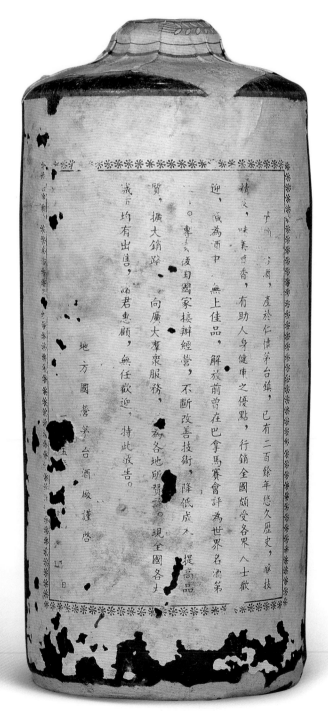

相关记事:

1955年，产量209吨。

1955年4月，将正标的"苔"改为"台"。

1955年11月，贵州茅台酒厂立授权书，将贵州茅台酒商标（金轮牌）在中国香港、澳门，以及马来西亚、新加坡、北婆罗洲、东南亚等地注册，并委托香港德信行公司为茅台酒厂代理人。

1955年，在广州秋季交易会期间，中国粮油食品进出口公司向贵州茅台酒厂赴会代表提出改进贵州茅台酒商标事宜。

1955年，外贸部与英国驻华代表签订茅台酒购销合同，授权中国香港五丰行经销茅台酒。是时，茅台酒商标已在香港注册。

特征:

1955年特征与1954年特征基本相同。

背标内容为："贵州茅台酒，产於仁懷茅台鎮，已有二百年餘年悠久歷史，釀技精良，味美醇香，有助人身健康之優點，行銷全國頗受各界人士歡迎，誠爲酒中之無上佳品，解放前曾在巴拿馬賽會評爲世界名酒第二位。專賣後由國家接辦經營，不斷改善技術，降低成本，提高品質，擴大銷路，面向廣大群衆服務，尤爲各地所贊許。現全國各大城市均有出售，

諸君惠顧，無任歡迎，特此敬告。地方國營茅台酒廠謹啓。一九五五年　月　日。"

1955年的背标印刷数量很大，1955年后一直沿用，只是在原印刷体日期位置加盖蓝色大写日期，一直沿用到1959年。

20世纪50年代初"中國名産"

1955年贵州茅台酒封盖

1955年贵州茅台酒瓶底（数字代表制瓶厂的班组号）

1956年金轮牌贵州茅台酒

生产日期	1956年
产品规格	约55％vol　500g
拍卖信息	北京嘉德2011年3月20日，Lot6157
成交价格	RMB 1,840,000
收藏指数	★★★★★★

茅台原董事长季克良就此酒讲述20世纪50年代茅台酒的特征

简体"台"字，繁体"國""廠"字。

1956年，产量274吨。

1956年，郑义兴、王绍彬和李兴发任茅台酒厂副厂长。

1956年1月，茅台酒商标"金轮牌"在中国香港、澳门，新加坡、马来西亚、东南亚地区分别注册成功。

1956年2月，食品工业部发出通知，要求延长茅台酒酒龄，茅台酒必须储存到三年后才准许勾兑出厂。8月，茅台酒厂贯彻全国名酒会议精神，号召职工"恢复传统工艺操作，提高茅台酒质量"。

1956年，轻工部要求有关部门试制一节型新瓶，并在江西景德镇特别聘请了两位八级技师来茅台酒厂专门进行新酒瓶的试制。做成的瓶子，渗漏现象虽减少，但外形不美观，没有被广泛采用，只生产了少量的"试制外销品"。

1956年11月2日，贵州省工业厅批示，同意将内销茅台商标上繁体字改为简体字。

特征：

背标内容为："贵州茅台酒，产于仁懷茅台鎮，已有二百年餘年悠久歷史，釀技精良，味美醇香，有助人身健康之優點，行銷全國頗受各界人士歡迎，誠爲酒中之無上佳品，解放前曾在巴拿馬賽會評爲世界名酒第二位。專賣後由國家接辦經營，不斷改善技術，降低成本，提高品質，擴大銷路，面向廣大群眾服務，尤爲各地所贊許。現全國各大城市均有出售，諸君惠顧，無任歡迎，特此敬告。地方國營茅台酒廠謹啓。一九五五年　月　日。"

1957年金轮牌贵州茅台酒

生产日期	1957年
产品规格	约55％vol　500g
拍卖信息	
成交价格	
收藏指数	★★★★★★

1957年中国食品出口公司广西省公司画册

1957年，产量283吨。

1957年3月，香港五丰行到厂签订贵州茅台酒购销合同。8月，茅台酒包装改换成功，香港商报发表以《春节宴会用国酒，新装茅台更迷人》为题、香港华侨报以《茅台新装，华贵优雅，春节宴会，甚受欢迎》为题刊登了茅台酒改换包装的消息。

中国出席世界青年联欢节代表团用茅台酒作为主要礼品赠送与会代表。

茅台酒厂总结出茅台酒传统工艺14项操作规程，全面恢复了茅台酒生产的传统操作方法，并起草制订了第一个《茅台酒标准》。

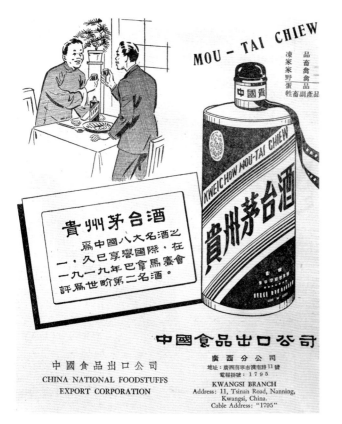

20世纪50年代末中国食品出口公司广告

特征：

图例所示酒为茅台酒厂1956年底新试制的酒瓶（原为三节型，现为一节型），并且更换了封口，使用软木塞更好的防止了渗漏。

此酒注册商标为"金轮"牌，背标使用新设计的彩色图文，但因瓶身造型没有达到酒厂的美观和性价比要求，没有被广泛采用。

这款背标没有被广泛使用可能还有另外一个原因：背标中标识的1919年在巴拿马获奖时间是错误的，应为1915年。后被酒厂发现，马上停止使用。如此，这种背标的新型一节白陶瓷瓶茅台酒，可归纳为数量很少的"试制外销品"。

1957年底，内销五星牌正标繁体"貴"改为简体"贵"。

1958年金轮牌贵州茅台酒（白瓷瓶）

生产日期	1958年
产品规格	约55％vol　500g
拍卖信息	上海朵云轩2011年7月3日，Lot1577
成交价格	RMB 1,518,000
收藏指数	★★★★★★

生产日期：一九五八年九月廿二日

软木塞、猪尿脬皮麻线系扎、封盖纸

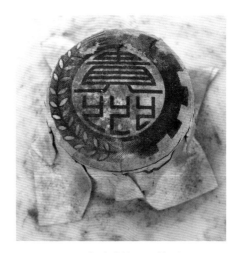

1958年白瓷瓶五星盖顶

相关记事：

1958年，产量627吨，售价2.97元。

1958年7月，茅台酒厂副厂长窦衍昌出席全国粮油食品进出口公司在上海召开的全国酒类出口专业会议，并在大会上发言。应外交部门要求，在会议期间代表贵州茅台酒厂签订协议，并将贵州茅台酒浓度由55%vol降到53%vol～52%vol。

8月，贵州茅台酒出口商标"飞天"牌在上海签订协议，由香港五丰行办理注册，并报国务院备案。

10月，郑光先任贵州茅台酒厂党委书记、厂长。

是年，接省轻工业厅通知，将仁怀县二合陶瓷厂归并到贵州茅台酒厂。由省轻工业厅直接投资，贵州茅台酒厂建中华瓶子厂，并从江西景德镇请两位八级技师到厂指导生产。

1958年，国家投资15.7万元扩建贵州茅台酒厂。

特征：

茅台酒须放置在不透光的容器中存贮。此前外销的茅台酒包装为土陶瓶，后改用瓷瓶，瓶颈加高，使瓶装茅台酒仍然保存在与酒窖相近的环境之中，保持最正宗的风味。

20世纪50年代，茅台酒瓶一共有4种颜色，分别为：内销的黑色釉、黄褐色釉和红褐色釉的土陶瓶，外销的白色瓷瓶。

外销五星牌正标为中英文对照，背面商标与内销一致，白釉瓷瓶，密度较高，与1958年之前的瓶体相比，显得粗大。正标右下角的"地方國营茅台酒廠出品"的"品"字三个"口"是分开的。

1955年中国名酒画册

1958年金轮牌贵州茅台酒

生产日期	1958年
产品规格	约55％vol　500g
拍卖信息	北京保利2010年12月2日，Lot1455
成交价格	RMB 1,120,000
收藏指数	★★★★★★

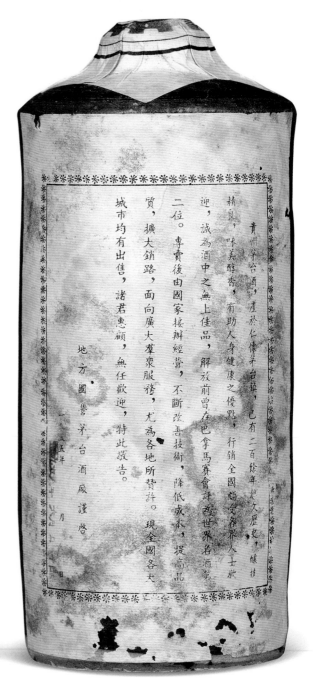

生产日期：一九五八年六月廿十日

1958年，产量627吨；售价2.97元。

1958年5月，内销五星牌正标文字由繁体字改为简体字。

特征：

内销五星牌正标为简体中文"贵州茅台酒"，右下角"地方国营茅台酒厂出品"的"品"字。下面的两个"口"是相连的，而非是独立的三个"口"，背面商标与1955年一致。此种茅台酒瓶胎质较粗，密度小，易渗漏（也有保存很好的），瓶底无釉，并有手写体的阿拉伯数字。封口纸的图案为贵州、齿轮、麦穗，图案较浅，其中"贵"字为繁体，"州"字为篆体，美观大方。

出厂背标落款"地方国营茅台酒厂谨启 一九五五年 月 日"。如右图。

1958年贵州茅台酒封盖

1958年贵州茅台酒瓶底（数字代表制瓶厂的班组号）

1959年金轮牌贵州茅台酒（飘带白瓷瓶）

生产日期	1959年
产品规格	约55％vol　500g
拍卖信息	中国嘉德2020年8月15日，Lot3020
成交价格	RMB 598,000
收藏指数	★★★★★★

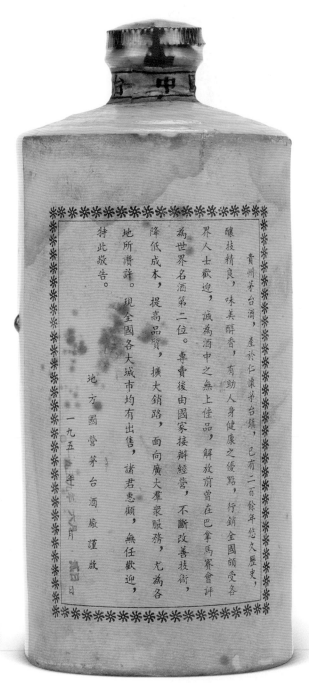

生产日期：一九五九年六月二日

031

1959年金轮牌贵州茅台酒（飘带白瓷瓶）

生产日期	1959年
产品规格	约55％vol　500g
拍卖信息	北京荣宝2010年3月14日，Lot0390
成交价格	RMB 280,000
收藏指数	★★★★★★

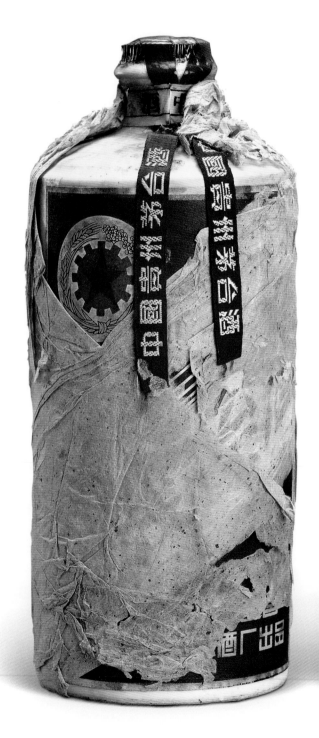

生产日期：一九五九年八月八日

此酒是《世界之醉》杂志第34期封面

20世纪50年代茅台酒广告

相关记事：

1959年，产量820吨，售价2.97元。

2月，茅台酒厂派副厂长窦衍昌、王绍彬及工程师杨仁勉参加在河南省商丘召开的全国酿酒会议。

8月，茅台酒厂开始着手建立酒窖记录管理档案。

11月，国家投资120万元扩建贵州茅台酒厂。

1959年，《贵州茅台酒成品管理制度》十九条和《贵州茅台酒厂材料管理办法》二十六条公布执行。

1959年，贤瑞山任茅台酒厂党委书记，张兴华任党委副书记。

特征：

在此时期的外销白瓷瓶的茅台酒的正面酒标为"五星"牌和"飞天"牌混用。外销五星，采用塑顶盖软木塞封口，系有两端刺绣"中國贵州茅台酒"字样的红飘带，外用酒精胶膜封口。瓶颈较高，并缠贴印刷有"中國贵州茅台酒"的封签纸。外包裹白色棉纸，纸质较粗糙。

生产日期：一九五九年八月八日

1958~1959年飞仙牌贵州茅台酒（白瓷瓶）

生产日期	1958~1959年
产品规格	约53％vol　500g
拍卖信息	2011年贵州省拍卖有限公司
成交价格	RMB 436,800
收藏指数	★★★★★☆

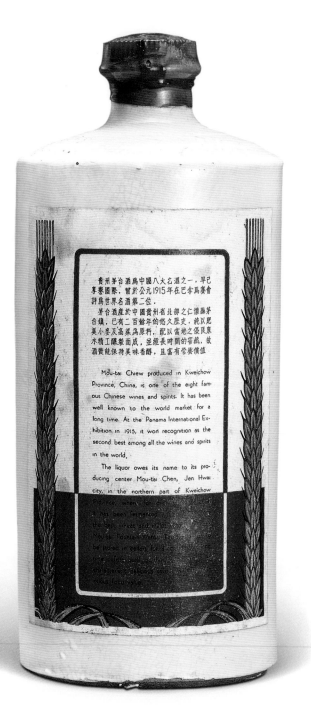

相关记事:

1958年，为适应国际市场需要，根据国务院有关领导同志的指示，贵州省外贸厅负责人和厂领导共同商量外销茅台酒包装改进问题（过去外销商标曾注册为"金轮牌"），最后决定采用敦煌壁画中"飞仙献酒"的图案为茅台酒的外销商标。

淡黄色封膜

特征:

1959年，外销茅台采用塑顶盖软木塞，软木塞用油纸包裹密封，系有红色丝带，再外套黄色封膜封口。此酒标为最早的飞仙商标，正标主体为红色基调，左上角为飞仙商标，上披白底红字"贵州茅台酒"，上方配有其英文"KWEICHOW MOU-TAI CHIEW"。右下角印有繁体"中國茅台酒廠出品"的中英文字样。背标上方为繁体汉字说明，下方为对照的英文说明。瓶体为白色瓷瓶，通体施釉均匀，瓶型规整，线条突出，釉色发青，胎质细腻，光泽匀润。瓶底露胎，足圈较宽，胎质较厚，整体美观大方。

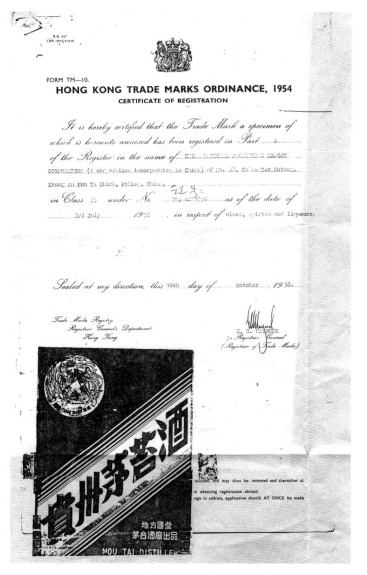

1958年10月16日，飞仙牌在香港通过注册。

1959年金轮牌贵州茅台酒

生产日期	1959年
产品规格	约55％vol　500g
拍卖信息	西泠印社2011年7月16日，Lot1585
成交价格	RMB 2,300,000／3瓶
收藏指数	★★★★★☆

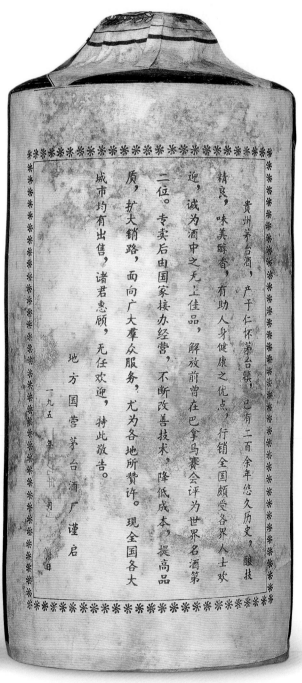

贵州茅台酒，产于仁怀茅台镇，已有二百余年悠久历史，酿技精良，味美醇香，有助人身健康之优点，行销全国颇受各界人士欢迎，诚为酒中之无上佳品，解放前曾在巴拿马赛会评为世界名酒第二位。专卖后由国家接办经营，不断改善技术，降低成本，提高品质，扩大销路，面向广大群众服务，尤为各地所赞许。现全国各大城市均有出售，诸君惠顾，无任欢迎，特此敬告。

地方国营茅台酒厂谨启

一九五〇年　月　日

生产日期：一九五九年贰月叁日

036

20世纪50年代末，茅台酒厂灌装、包装车间。

相关记事：

1959年，产量820吨，售价2.97元。

1959年，内销五星牌背标由繁体字改为简体字。

特征：

20世纪五六十年代，土陶瓶商标中的"贵州茅台酒"5个字在印刷时增加了黑色横线，以增加美感和防伪。

1959年，五星牌注册标识如前页左图黑色箭头所指处，横排3粒高粱粒。背标落款为"地方国营茅台酒厂谨启 一九五 年 月 日"。

1960年金轮牌贵州茅台酒

生产日期	1960年
产品规格	约55％vol　500g
拍卖信息	北京保利2011年6月4日，Lot4352
成交价格	RMB 1,322,500
收藏指数	★★★★★☆

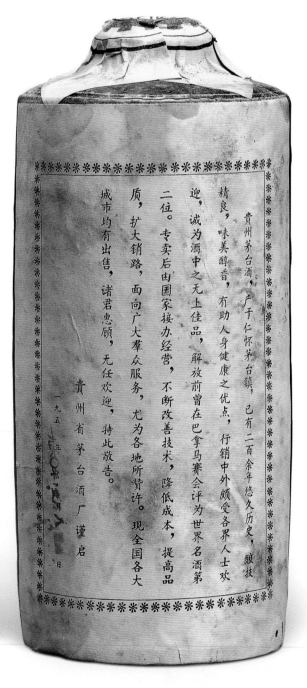

贵州茅台酒，产于仁怀茅台镇，已有二百余年悠久历史，酿技精良，味美醇香，有助人身健康之优点，行销中外颇受各界人士欢迎，诚为酒中之无上佳品，解放前曾在巴拿马赛会评为世界名酒第二位。专卖后由国家接办经营，不断改善技术，降低成本，提高品质，扩大销路，面向广大群众服务，尤为各地所赞许。现全国各大城市均有出售，诸君惠顾，无任欢迎，特此敬告。

贵州省茅台酒厂谨启

一九五〇年〇〇月〇〇日

生产日期：一九六〇年壹月八日

038

相关记事：

1960年，产量912吨，售价2.97元。

1960年7月，贵州省茅台酒厂办事机构由股改科。

8月，贵州茅台酒总结工作组写出《贵州茅台酒整理总结报告》初稿。

8月，罗庆忠、谢世礼任茅台酒厂副厂长。

1960年，国家投资67.1万元扩建茅台酒厂。

"貴"为繁体，"州"为篆体，美观大方。

特征：

1960年，内销贵州茅台酒包装，土陶瓶，软木塞，封口纸封口，蓝色大写出厂日期。背标落款为"贵州省茅台酒厂谨启 一九五 年 月 日"。

1960年，五星牌注册标识如前页左图黑色箭头所指处横排2粒高粱粒。

1960年贵州茅台酒瓶底（数字代表制瓶厂的班组号）

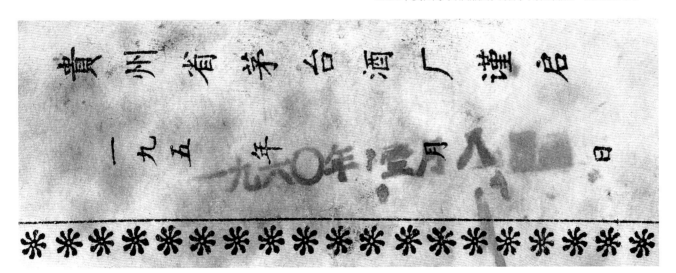

生产日期：一九六〇年壹月八日

1961年飞仙牌贵州茅台酒

生产日期	1961年
产品规格	约53％vol　250g
拍卖信息	
成交价格	
收藏指数	★★★★★★

250g装

1961年茅台酒50g小酒版

20世纪50年代末，飞仙牌茅台酒的广告。

相关记事：

1961年，产量347吨，售价16.00元。

1961年，茅台酒厂收到苏联、匈牙利等国家和中国香港地区赞扬茅台酒的函件。

1961年，为适应不同消费者的需求，开发250克装、125克装、50克装规格产品。

20世纪60年代，茅台酒厂踩曲工序。

20世纪60年代，人工背曲进仓。

1962年飞仙牌贵州茅台酒

生产日期	1962年
产品规格	约53％vol　500g
拍卖信息	
成交价格	
收藏指数	★★★★★☆

1962年10月

中国名酒

贵州茅台酒

8

星期一

初十日

十一寒露
廿六霜降

壬寅年
九月小

相关记事：

1962年，产量363吨，售价16.00、12.00、8.20元。

1962年11月19日，茅台酒厂工会第六届会员代表大会召开，选举工会领导班子，赵德余任工会主席。

茅台酒厂印制和使用"贵州省茅台酒厂经济核算证"，面额有拾圆、伍圆、贰圆、壹圆、伍角、贰角、伍分等7种，格式和质地与公债券和国库券相似。

特征：

1962年飞仙牌贵州茅台酒，塑顶盖软木塞，暗红色封膜，系有红飘带，飘带较短。瓶体规整匀称，线条突出，釉色青白，整体美观大方。

1963年金轮牌贵州茅台酒

生产日期	1963年
产品规格	约55％vol　500g
拍卖信息	北京雍和嘉诚2011年6月1日，Lot2427
成交价格	RMB 701,500
收藏指数	★★★★★★

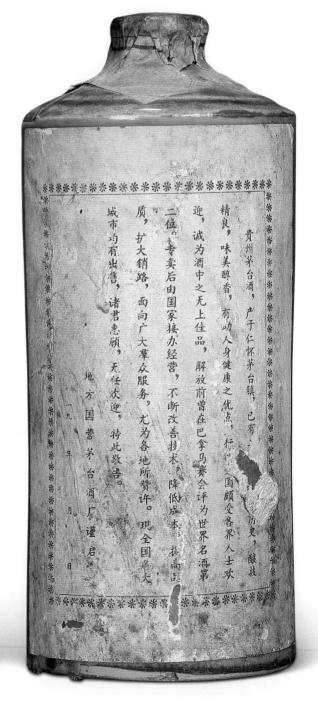

相关记事：

　　1963年，产量325吨，售价8.20、6.20、4.07元。

　　3月2日，贵州省公安厅批准茅台酒厂建立专职消防队。贵州省政府批准茅台酒厂新建年产500吨酒的生产规模，总投资250万元。

　　11月，在全国第二届评酒会上，茅台酒再获"全国名酒"称号，获名酒证书和金质奖章。

特征：

　　1963年及以后的茅台酒封口贴纸、正标、背标、瓶嘴、瓶底及瓶体等都有改变。此时期的茅台酒为软木塞封盖，外贴封盖纸标，盖顶封口标有"贵州"二字，字体变细，非常明显。瓶底无釉，无数字编号。此酒瓶颈较之前略高，瓶肩两侧有条凸起的棱线，瓶体黄釉细腻光泽，胎泽较薄。这一时期的茅台酒产量很低，现今的存世量更是稀少而珍贵。此酒背标落款为"地方国营茅台酒厂谨启　一九　年　月　日"。

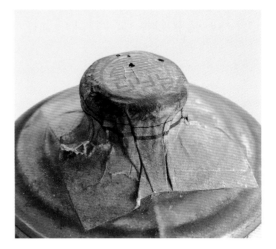

土陶瓶瓶盖

土陶瓶瓶底（瓶底无字）

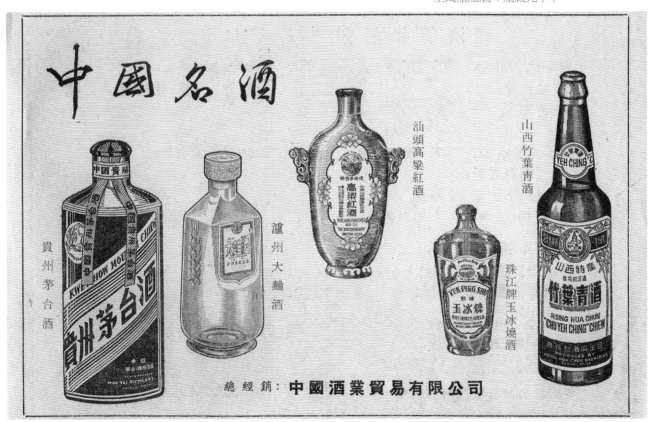

1964年飞仙牌贵州茅台酒

生产日期	1964年
产品规格	约53%vol 500g
拍卖信息	
成交价格	
收藏指数	★★★★★★

1964年4月1日500g装

1964年8月7日500g装

香港五丰行"庆祝国庆"1964年10月1日出版

相关记事：

1964年，产量222吨，售价4.07元。

6月，柴希修任茅台酒厂党委书记，刘同清任厂长。

9月，季克良被分配到贵州茅台酒厂工作。当时茅台酒厂条件很差，他克服了生活中的种种困难坚持下来。他到厂时，正是当时由轻工业部周恒刚等有关专家组成的"茅台酒试点委员会"到厂，这次试点是对茅台酒生产工艺进行探讨和总结。其中，由副厂长李兴发为组长的科研小组重点研究茅台酒在贮存过程中酒质的变化和勾兑的基本规律，季克良被安排在这个课题科研小组中，从此开始了他一生与茅台酒结缘的酿酒生涯。

11月，茅台酒厂将中华瓶子车间移交给仁怀县手工业管理局。

1964年贵州茅台酒厂350千瓦汽轮机发电机正式发电。

特征：

1964年出口的飞仙牌茅台酒，白瓷瓶、短口、红塑顶盖软木塞封口，系有红色丝带，外包裹棉纸，质地较厚。棉纸上印有红色繁体"中國貴州茅台酒"，红色厚重，红字下方为手工加盖蓝色生产日期。

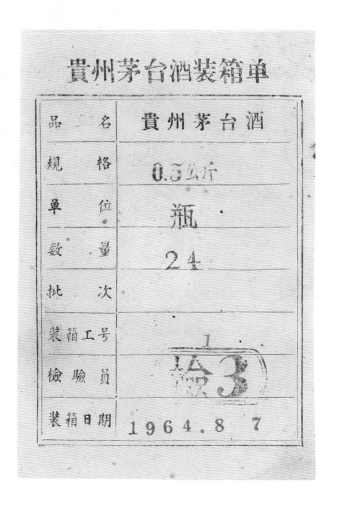

1965年金轮牌贵州茅台酒

生产日期	1965年
产品规格	约55％vol　500g
拍卖信息	
成交价格	
收藏指数	★★★★★☆

1965年10月1日500g装

相关记事:

1965年，产量647吨，售价4.07元。

7月，茅台酒厂技术委员会成立，杨仁勉为负责人，委员有刘同清、李兴发、郑义兴、何光荣、王恒义、毛光才、杨志彬、王绍彬等。

9月，张善乐调任茅台酒厂党委副书记。

1965年，经过贵州茅台酒试点工作委员会的科学试验和总结，确立了贵州茅台酒三种典型体的划分。

1965年底，在四川泸州召开的全国第一届名酒技术协作会上，茅台酒厂代表宣读了季克良整理总结的科研小组成果论文《我们是如何勾酒的》，引起了大会强烈的反响和各厂家的高度重视。会后，各名酒厂运用这一成果，根据各自的特点研究，在全国掀起勾兑热潮，推动了全国白酒生产发展和质量的提高。

特征:

此酒为黄褐色釉土陶瓷瓶，短口软木塞，封盖纸上"贵州"两个字，字体线条略细窄，而且清晰，瓶颈有两条凸起的线，瓶体黄釉细腻有光泽，胎质较薄。正标落款为"地方国营茅台酒厂出品"10个字其中，"茅""品"字体有改变。背标落款为"地方国营茅台酒厂谨启 一九 年 月 日"。

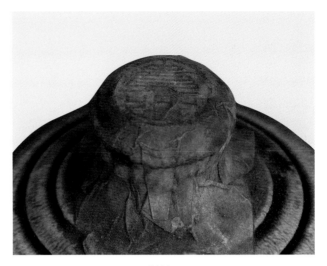

封盖

瓶底

20世纪50年代，茅台酒厂天锅蒸馏摘酒。

20世纪60年代，茅台酒曲仓发酵测量温度。

1966年五星牌贵州茅台酒

生产日期	1966年
产品规格	约55％vol 500g
拍卖信息	
成交价格	
收藏指数	★★★★☆☆

生产日期：1966年2月1日

相关记事:

1966年,产量312吨,售价4.07元。

3月,在轻工业部主持下,以省轻工厅和贵州茅台酒厂为主组建的茅台酒试点委员会经过两个生产周期的试验,基本掌握了贵州茅台酒的生产规律,从根本上肯定了传统操作规程。

茅台酒厂厂长刘同清和技术员季克良参加轻工业部召开的出口酒工作会议。会上决定贵州茅台酒陶瓷瓶改为螺旋口的白玻璃瓶,用塑料旋盖。

贵州茅台酒厂与中国人民保险公司签订了《运输预约保险合同》。

国务院指示:黔(贵州)、鄂(湖北)两省专卖公司供应的贵州茅台酒,明确由厂方直接调拨。

外贸部门向蒙古人民共和国出口贵州茅台酒560箱。

9月6日,贵州省遵义糖业烟酒分公司向上海、陕西、山东、北京等糖业烟酒公司、酿酒厂发起《关于废除旧商标的倡议》。倡议书称:我们倡议将一切带封建迷信"四旧"方面的商标彻底改革……茅台酒的商标有12个齿的齿轮应坚决取消,改为14个齿的五星牌。正标"茅"改为"茅","贵"字也有改变,如前页左图黑色箭头所指处。

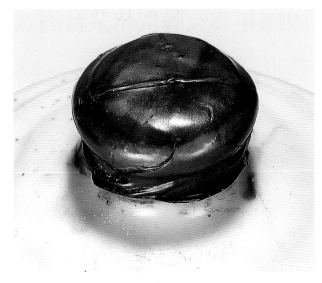

金色封膜

特征:

此酒为白釉瓷瓶,软木塞金色封膜较薄,瓶颈略短,瓶肩相对凸起,釉色白丽,光莹如玉,瓶体胎质较薄。背标落款为"贵州省茅台酒厂谨启 一九五 年 月 日"。

1966年以前的茅台酒正标和1966年以后茅台酒的正标,在字体和烫金工艺等方面都有不同之处。

瓶底

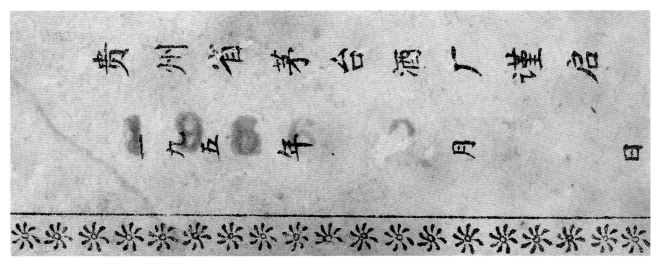

生产日期:1966年2月1日

1966年飞天牌贵州茅台酒（白瓷瓶）

生产日期	1966年
产品规格	约53％vol　500g
拍卖信息	北京保利2011年6月4日，Lot4351
成交价格	RMB 701,500
收藏指数	★★★★☆☆

20世纪60年代末，茅台酒厂办公楼。

红塑顶盖软木塞

1966年棉纸包飞天牌茅台酒

特征：

　　1966年，出口的飞天牌贵州茅台酒，为白瓷瓶，红塑顶盖软木塞。外包裹棉纸，棉纸较薄，印有"中國贵州茅台酒"，字体清晰，下方为手工加印蓝色阿拉伯数字生产日期。

1966年飞天牌贵州茅台酒（乳白玻璃瓶）

生产日期	1966年
产品规格	约53％vol 500g 250g
拍卖信息	北京保利2010年12月2日，Lot1401
成交价格	RMB 246,400
收藏指数	★★★★☆☆

500g装   250g装

20世纪60年代飞天牌茅台酒（收藏于毛泽东纪念馆）　　　50年代繁体"貴"字　　60年代繁体"貴"字

相关记事：

　　据《茅台酒厂志》记载：1966年3月，厂长刘同清和技术员季克良参加轻工部召开的出口酒工作会议之后，决定茅台酒陶瓷瓶改为螺旋口的白玻璃瓶（由贵阳王武砖瓦厂进行改进），用塑料旋盖。

　　7月接省轻工业通知，内外销陶瓷瓶一律改用乳白玻璃瓶，瓶盖改用红色塑料旋盖。后，贵州清镇玻璃厂通过技术攻关试制乳白色玻璃瓶获得成功，解决了渗漏和外观不美的问题，也解决了避光的问题，从而逐步结束了茅台酒包装用土陶瓷瓶的历史。

　　随着生产规模扩大，用瓶量的增加，茅台酒包装用瓶也不断变换更适应的生产厂家。后来，发现广西桂林生产的乳白玻璃瓶比清镇玻璃瓶好，同时使用广西桂林瓶。清镇玻璃厂也派人去桂林厂学习。

特征：

　　此酒为乳白玻璃瓶，深红色封膜有磨砂感，飘带较长，正标及飘带上的"贵"字为繁体，两条飘带上刺绣的"中國貴州茅台酒"成对称式，背标为中英文对照说明。

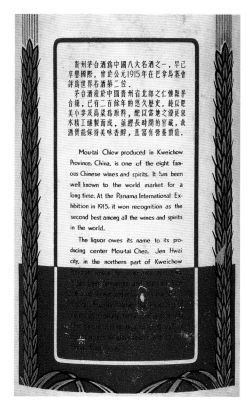

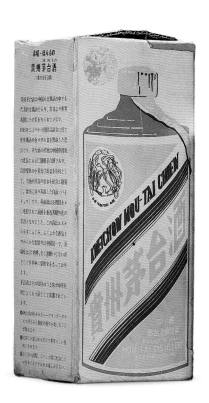

60年代飞天背标　　　　　　　20世纪60年代末，日本经销商制作的茅台酒彩盒。

第三章
1967～1982年

特殊时期
曲折发展保障生产

1967年五星牌贵州茅台酒（白瓷瓶）

生产日期	1967年
产品规格	约55％vol　500g　250g
拍卖信息	
成交价格	
收藏指数	★★★★☆☆

500g装　　　　　　　　　　　　　　250g装

相关记事：

1967年，产量321吨，售价4.07元。

1967年，茅台酒厂第一台自制制曲机组试制成功投产，改善了制曲工人的劳动条件。

1966年，经国家工商行政管理总局批准，同意贵州茅台酒金轮牌商标的变更，商标图形和文字部分变更。

9月23日，贵州省轻工业厅（66）轻工食字015号函：茅台酒内销包装的文字说明修改稿，已请示省经委和征求商业部门意见修改为："茅台酒是全国名酒，产于贵州省仁怀县茅台镇，已有二百余年悠久历史。新中国成立后，在中国共产党的领导下，开展"三大革命"运动，不断总结传统经验，改进技术，提高质量。具有醇和浓郁、特殊芳香、味长回甜之独特风格。"

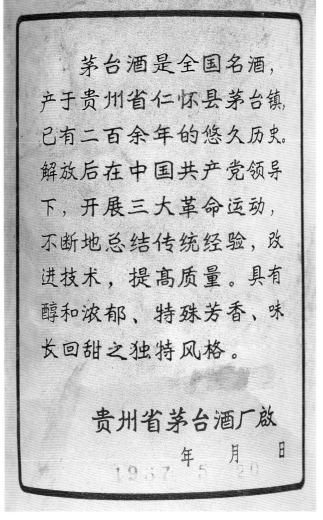

此酒"三大革命"背标，1967年5月20日。

特征：

此酒为红色封膜，白瓷瓶，胎体较薄。1966年早期，背标的字体排版方式是从右至左竖排列。1966年后期，改为从左至右横向排列，背标内容带有"三大革命"字样，时代感极强，俗称"三大革命"茅台。此背标用于内销茅台酒，从1966年开始一直使用到1983年1月，生产日期是手工加盖蓝色数字。

瓶底

1967年五星牌贵州茅台酒

生产日期	1967年
产品规格	约55％vol　500g
拍卖信息	北京保利2011年6月4日，Lot4350
成交价格	RMB 264,500
收藏指数	★★★★☆☆

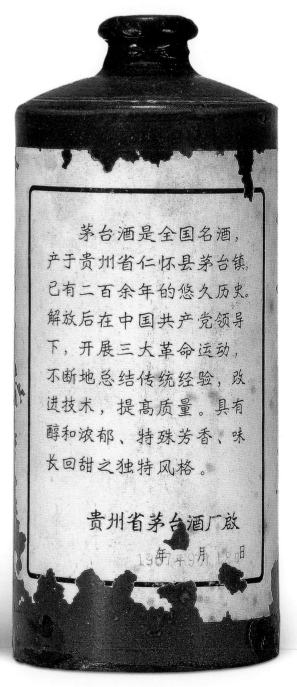

茅台酒是全国名酒，产于贵州省仁怀县茅台镇，已有二百余年的悠久历史。解放后在中国共产党领导下，开展三大革命运动，不断地总结传统经验，改进技术，提高质量。具有醇和浓郁、特殊芳香、味长回甜之独特风格。

贵州省茅台酒厂啟

1967年9月18日

生产日期：1967年9月18日

高颈、软木塞、暗红色封膜

生产日期：1967年

特征：

    此五星茅台酒瓶颈略高，软木塞封盖，外套暗红色封膜。瓶肩略平，酱色釉，釉质细腻而有光泽，整体线条规范流畅。

    右图为飞天牌茅台酒，乳白玻璃瓶，塑制内塞螺旋外盖，系有红色飘带，外套红色封膜，封膜较厚，外包裹白棉纸，手工加盖蓝色阿拉伯数字生产日期。

1967年飞天牌茅台酒（乳白玻璃瓶500g装）

1968年五星牌贵州茅台酒（白瓷瓶）

生产日期	1968年
产品规格	约55％vol　500g
拍卖信息	上海朵云轩2011年7月3日，Lot1565
成交价格	RMB 218,500
收藏指数	★★★☆☆☆

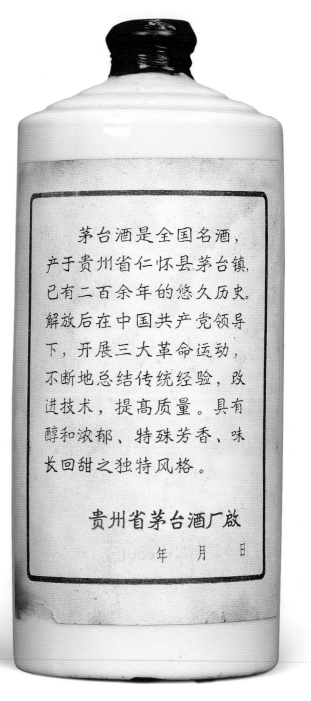

茅台酒是全国名酒，产于贵州省仁怀县茅台镇，已有二百余年的悠久历史。解放后在中国共产党领导下，开展三大革命运动，不断地总结传统经验，改进技术，提高质量。具有醇和浓郁、特殊芳香、味长回甜之独特风格。

贵州省茅台酒厂启

生产日期：1968年1月2日

相关记事：

1968年，产量338吨，售价4.07元。

茅台酒厂改地灶烧煤烤酒为锅炉蒸汽烤酒。

软木塞封盖，外套深红色封膜

特征：

此酒为白瓷瓶，短颈软木塞，瓶嘴较小，外套深红色封膜，肩部两道隆起的棱线明显。瓶体整体的线条和质感明显，胎质细腻。背标为"三大革命"，棉纸包装。

瓶底

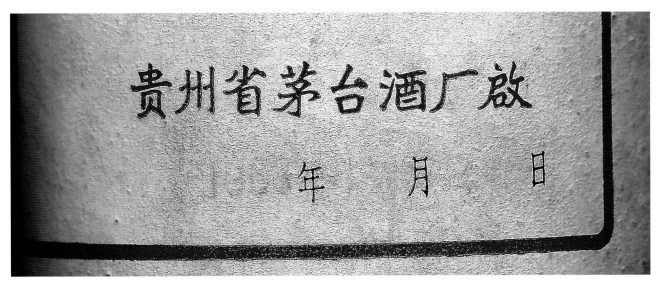

生产日期：1968年1月

1969年五星牌贵州茅台酒（花褐釉酱茅）

生产日期	1969年
产品规格	约55％vol　500g
拍卖信息	北京保利2011年6月4日，Lot4400
成交价格	RMB 1,495,000／5瓶
收藏指数	★★★★☆☆

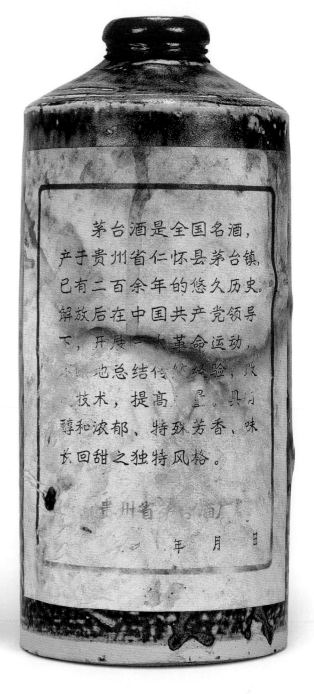

封盖

金色膜封盖

相关记事:

　　1969年，产量355吨，售价4.07元。

特征:

　　此酒瓶为花褐色釉，属正常窑变，较少见。软木塞，红色封膜，瓶身较粗。瓶底露胎，足圈较宽，胎质较厚。

　　右图（左）1969年乳白玻璃瓶五星牌茅台酒，螺旋塑料盖，红色封膜。瓶颈较高，肩部凸起棱线较平。瓶底印有数字，背标为"三大革命"，出厂日期为蓝色字"一九六九年六月十三日"。

　　右图（右）1969年金色封膜五星牌茅台酒，为软木塞，金色封膜。黄釉土陶瓶。

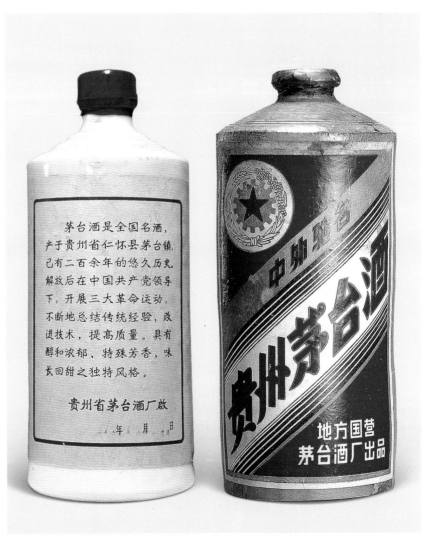

1969年乳白色玻璃瓶（"三大革命"500g装）　　1969年金色封膜（500g装）

1970年贵州五星牌茅台酒

生产日期	1970年
产品规格	约55％vol 500g
拍卖信息	西泠印社2011年11月13日，Lot1213
成交价格	RMB 190,400
收藏指数	★★★☆☆☆

 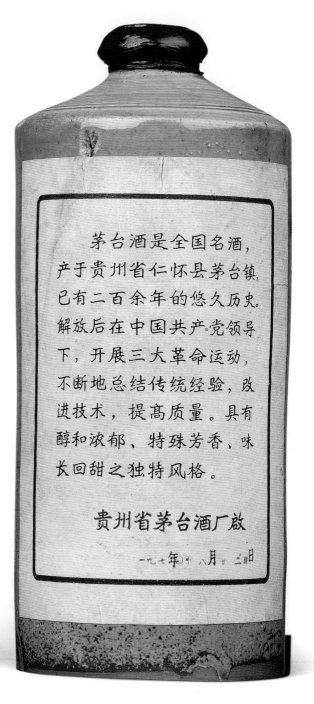

生产日期：一九七〇年八月廿二日

20世纪70年代，茅台酒厂。

相关记事：

1970年，产量232吨，售价4.07元。

1966~1972年茅台酒是土陶瓶、白瓷瓶和乳白玻璃瓶三种瓶混用时期。

1970年，有一批乳白玻璃瓶的瓶颈较高，肩部较平，瓶体较粗。

1977年后，茅台酒酒瓶肩略高，背标字体略细。

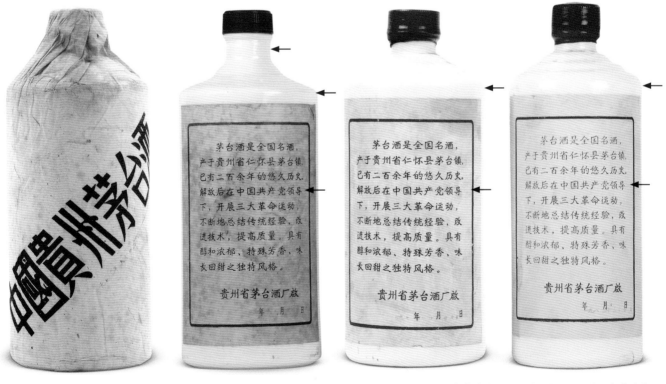

| 1970年八月廿二 飞天牌 | 1970年"三大革命"（长颈） | 1970年10月27日"三大革命" | 1982年3月20日"三大革命" |

1971年五星牌贵州茅台酒

生产日期	1971年
产品规格	约55％vol　500g
拍卖信息	西泠印社第二届中国陈年名酒专场拍卖
成交价格	RMB 380,800／2瓶
收藏指数	★★★☆☆☆

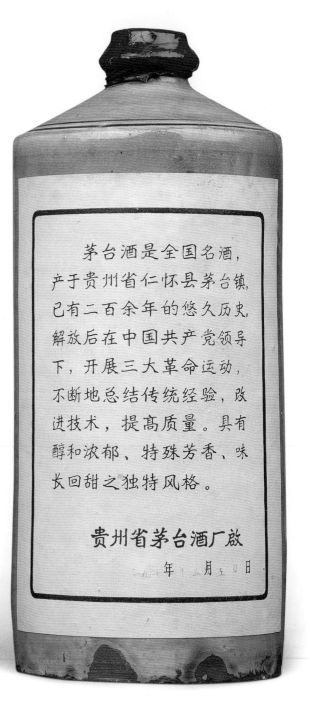

茅台酒是全国名酒，产于贵州省仁怀县茅台镇，已有二百余年的悠久历史。解放后在中国共产党领导下，开展三大革命运动，不断地总结传统经验，改进技术，提高质量。具有醇和浓郁、特殊芳香、味长回甜之独特风格。

贵州省茅台酒厂启

　年　月　日

生产日期：一九七一年五月五日

封盖

瓶底

相关记事：

　　1971年，产量375吨，售价4.07元。

特征：

　　1971年五星牌贵州茅台酒（土陶瓶），瓶颈较短，瓶嘴较小，黄釉土陶瓷瓶，俗称为"短嘴酱瓶"。瓶体较粗，胎质厚实，釉色光润莹亮，"三大革命"背标。此酒酱香突出，品质卓越。

　　1971年五星牌贵州茅台酒（乳白玻璃瓶），正标右下方印有"地方国营 茅台酒厂出品"，"三大革命"背标。瓶肩略矮，瓶颈稍高，瓶肩陡平，封膜为暗红色。

1971年五星牌贵州茅台酒（乳白玻璃瓶"三大革命"500g装）

1971年葵花牌贵州茅台酒

生产日期	1971年
产品规格	约53％vol　500g
拍卖信息	北京雍和嘉诚2011年11月27日，Lot3035
成交价格	RMB 207,000／2瓶
收藏指数	★★★★★☆☆

生产日期：一九七一年十一月八日

相关记事：

　　1968年初，原出口外销的"飞天牌贵州茅台酒"更改为有寓意朵朵葵花向太阳的"葵花牌贵州茅台酒"，"葵花"牌是"文革"时期的特殊注册商标。葵花商标为内外两环，"葵苍"与"SUNFLOWER"分别居于两环之间上下方，葵花图案居内环中央。

葵花牌商标

特征：

　　此酒为棉纸包装，棉纸上清晰印有红色"中國貴州茅台酒"。

　　葵花牌是"文革"时期特殊商标，同时也见证了20世纪60年代的大变革和全新价值观的变化。

　　"文革"时期外销的葵花牌茅台酒系有红色飘带，飘带上分别刺绣有"中國貴州茅台酒"。外包裹白棉纸，棉纸上印有红色的"中國貴州茅台酒"并加盖蓝色大写生产日期，规格为500克、250克、125克装。

出口日本葵花牌茅台的说明标签

　　右图包装盒并非贵州茅台酒厂制作，是由茅台酒经销商日本总代理江滋贸易株式会社在日本印制，存世稀少。此包装盒由薄而坚挺的瓦楞纸制成，外盒印有20世纪60年代末外销飞天牌"贵州茅台酒"图案，而内装是"葵花"牌茅台酒。因为当年外销市场不认"葵花"牌，只认之前的"飞天"牌，所以加此外包装盒，这也是后来出口外销"葵花"牌改为"飞天"牌的原因所在。

20世纪70年代初，日本经销商制作的茅台酒彩盒。

1972年五星牌贵州茅台酒

生产日期 | 1972年
产品规格 | 约55％vol　500g
拍卖信息 | 北京保利2011年12月7日，Lot6435
成交价格 | RMB 230,000／2瓶
收藏指数 | ★★★☆☆☆

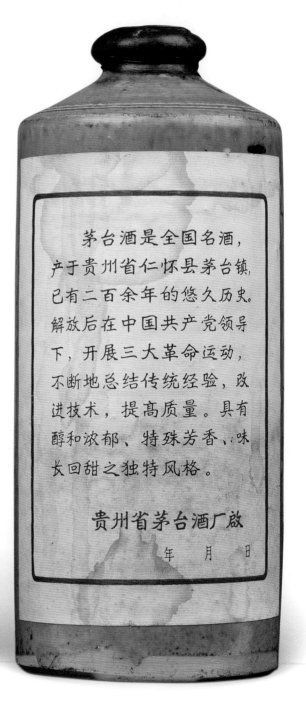

生产日期：一九七二年三月十八日

肩部与瓶口封膜

瓶底露胎

相关记事：

1972年，产量550吨，售价4.07元。

茅台酒厂党委换届选举，工建强仁书记，常委有刘同清、张善乐、李兴发、窦衍昌、齐建祯。

茅台酒厂招收250名新工人。

轻工业部发出通知，控制到贵州茅台酒厂参观的人数。

国务院总理周恩来在全国计划工作会议上指示："为确保茅台酒生产用水质量，赤水河上游不得再建厂矿，特别是化工厂。"

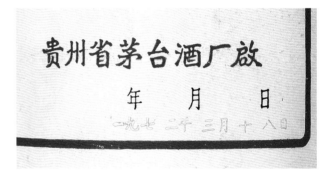

生产日期

特征：

1972年土陶瓷瓶茅台酒，黄釉，瓶颈短，软木塞封盖，外套深红色封膜，瓶肩部位"双弦纹"明显。瓶体胎质较厚，瓶底露胎，此瓶挂青黄色釉。

右图1972年乳白玻璃瓶茅台酒，为"文革"时期的五星牌贵州茅台酒，采用的是乳白玻璃瓶塑料螺旋盖。正标右下方印有"地方国营 茅台酒厂出品"，背标为"三大革命"背标，时代感强。封膜暗红色，瓶肩陡平。

1972年五星牌茅台酒（乳白玻璃瓶"三大革命"500g装）

1972年葵花牌贵州茅台酒（棉纸包装）

生产日期	1972年
产品规格	约53％vol　500g　250g
拍卖信息	北京保利2010年12月2日，Lot1453
成交价格	RMB 179,200
收藏指数	★ ★ ★ ★ ☆ ☆

生产日期：一九七二年一月二日500g装　　　　　　20世纪70年代初葵花牌250g装

相关记事：

　　1972年2月，美国总统尼克松应邀访问中国。为接待需要，贵州茅台酒厂按外交部指令送去贵州茅台酒。其间，周恩来多次用贵州茅台酒款待贵宾，并留下有关贵州茅台酒的许多佳话。

生产日期：一九七二年一月二日

特征：

　　1972年葵花牌贵州茅台酒有500克装和250克装，红塑料螺旋盖，暗红色封膜，系有红飘带，飘带较长，外包裹棉纸并印有"中國貴州茅台酒"，蓝色大写生产日期。

　　背标内容与20世纪60年代的飞仙牌茅台酒相同，为"貴州茅台酒為中國八大名酒之一，早已享譽國際，曾於公元1915年在巴拿馬賽會評為世界名酒第二位。茅台酒產於中國貴州省北部之仁懷縣茅台鎮，已有二百餘年的悠久歷史，純以肥美小麥及高粱為原料，配以當地之優良泉水精工釀製而成，並經長時間的窖藏，故酒質能保持美味香醇，且富有營養價值"。

20世纪70年代初期飞天牌250g（正面背面）
（此酒日期有待考证）　　　　　　　　　　　　20世纪70年代初葵花牌250g（背标）

1973年五星牌贵州茅台酒（"三大革命"）

生产日期	1973年
产品规格	约54%vol　500g
拍卖信息	北京保利2011年6月4日，Lot4396
成交价格	RMB 195,500／2瓶
收藏指数	★★★☆☆☆

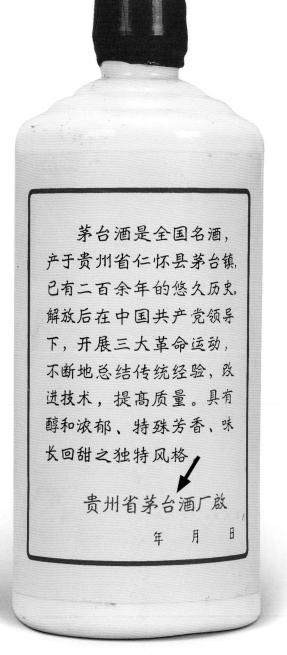

茅台酒是全国名酒，产于贵州省仁怀县茅台镇，已有二百余年的悠久历史。解放后在中国共产党领导下，开展三大革命运动，不断地总结传统经验，改进技术，提高质量。具有醇和浓郁、特殊芳香、味长回甜之独特风格

贵州省茅台酒厂启

年　月　日

生产日期：一九七三年四月五日

20世纪70年代，副厂长郑义兴向茅台酒厂技术骨干传授酿造技术。

相关记事：

1973年，产量606吨，售价4.07元。

1973年起，内销、外销茅台酒全部用乳白玻璃瓶。

据厂志载：1973年3月，中共中央主席毛泽东通过贵州省革委会打电话到厂，要求送三箱贵州茅台酒到北京，并指定要1952年的，一箱送朝鲜领导人金日成，两箱送中央，这三箱酒用飞机送到北京。

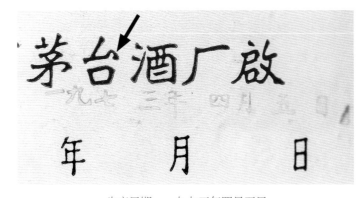

生产日期：一九七三年四月五日

特征：

暗红色封膜，瓶盖顶部较平，瓶顶部边缘有封膜自然收缩形成齿轮状的印记，生产日期为大写汉字。

1973年之后，前页右图如黑色箭头所指处"台"字的"丶"书写有变化。

肩部与瓶口封膜

1973年葵花牌贵州茅台酒（棉纸包装）

生产日期	1973年
产品规格	约53％vol　500g
拍卖信息	北京保利2010年12月2日，Lot1452
成交价格	RMB 106,400
收藏指数	★★★★☆☆

500g装　生产日期：一九七三年十一月　　　　250g装　生产日期：一九七三年二月十二日

20世纪70年代初，日本经销商制作的茅台酒彩色礼盒。

特征：

　　下图所展示的葵花牌茅台酒瓶为乳白玻璃瓶。

　　20世纪60年代初，为了适应国际包装箱惯例，每箱由原来装20瓶改为24瓶，木箱两头用10毫米铁皮加固。酒瓶为外包裹白棉纸，白棉纸上印有红字"中國貴州茅台酒"，箱内填充物由稻草、谷壳改为瓦楞纸，并附有装箱单。

木包装箱葵花牌茅台酒

1974年五星牌贵州茅台酒（"三大革命"）

生产日期	1974年
产品规格	约54%vol 500g
拍卖信息	北京保利2011年6月4日，Lot4395
成交价格	RMB 172,500／2瓶
收藏指数	★★★☆☆☆

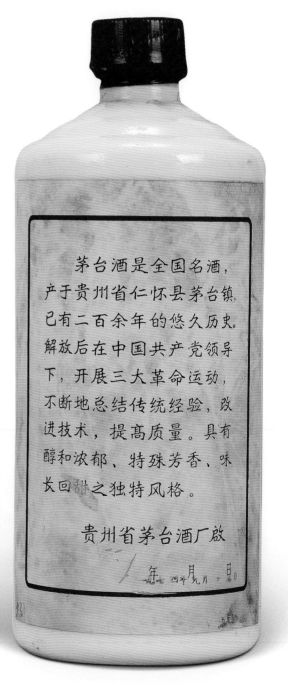

生产日期：一九七四年九月

20世纪70年代，茅台酒厂制曲车间。

20世纪70年代，季克良、李大祥、余吉申、郑永恒、王绍彬、杨仁勉、李兴发、许明德、汪华品评出厂的茅台酒。

相关记事：

1974年，产量664.5吨，售价8.00元。

2月，茅台酒厂第二次修改茅台酒外销商标说明书。

12月12日，茅台酒厂召开制曲师会议，制定《茅台酒曲操作注意事项》。

特征：

1974年的五星牌茅台酒，封膜为深红色，较薄，盖顶部较平，边缘的棱角较直，外包裹白棉纸。

1974年飞天牌茅台酒（59%vol 275ml）

1973~1974年葵花牌贵州茅台酒（贴有海关封签）

生产日期	1973~1974年
产品规格	约53％vol　500g
拍卖信息	西泠印社2011年7月16日，Lot1531
成交价格	RMB 149,500／2瓶
收藏指数	★★★★☆☆

相关记事：

　　1973年4月29日，中国粮油进出口公司首次下文通知：将外销茅台由"葵花"牌恢复为"飞天"牌。但事实上，1973年4月以后"葵花"牌仍然在生产。1975年2月，中国粮油进出口公司贵州分公司再次通知，当年出口的茅台酒一律使用"飞天"新商标。两次通知互相对照，说明出口"葵花"到1975年初依然在生产。

特征：

　　1974年的葵花牌贵州茅台酒，暗红色封膜，盖顶部较平，采用外包裹白棉纸包装，印有"中國貴州茅台酒"，出厂日期清晰可见。

　　20世纪70年代出口的葵花牌茅台酒，瓶口贴有贴有海关封签，瓶身贴有出口国家的茅台说明。

瓶口（海关封签）

品　　　名	スピリッツ(マオタイ酒)	従価
容器の容量	520ml アルコール分 52度	
輸入業者住　　　所	東京都中央区日本橋通り2－5	
氏　　　名	株式会社　高島屋	
引　取　先	東京都中央区日本橋通り2－5	

出口日本的茅台说明

1974年葵花牌贵州茅台酒

生产日期	1974年
产品规格	约53％vol　500g　250g　125g
拍卖信息	北京保利2011年6月4日，Lot4371
成交价格	RMB 690,000／4瓶
收藏指数	★★★★★★★

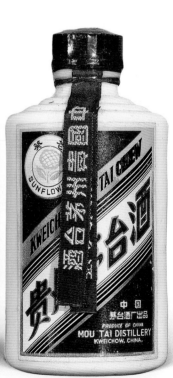

500g装　　　　　　　　　　250g装　　　　　　　　　　125g装

相关记事：

　　1975年，茅台酒厂接上级通知，安排包装一部分125克瓶装的茅台酒供民航飞机上专用。

蓝签"中国民航"

特征：

　　此时期的125克"中国民航"酒为乳白玻璃瓶，短口，塑料按压式封盖，外套红色封膜，瓶身侧面贴印有"中国民航"的标签，是当时国际航班客机上免费供应的茅台酒。

红签"中国民航"

中国民航专用茅台（葵花牌125g装）　　　　　中国民航专用茅台（飞天牌125g装）

1975年飞天牌贵州茅台酒（大飞天）

生产日期	1975年
产品规格	53％vol　540ml
拍卖信息	广州华艺（原广州嘉德）2012年6月10日，Lot374
成交价格	RMB 28,750
收藏指数	★★★☆☆☆

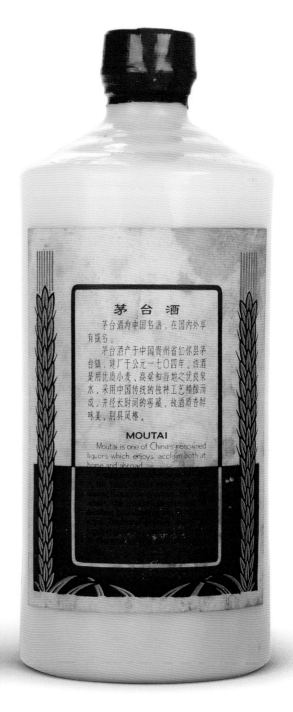

相关记事：

　　1975年，产量700吨，售价8.00元。

　　是年，中共贵州省委第一书记鲁瑞林到厂视察工作，研究贵州茅台酒发展规划，落实万吨规划。

　　中国粮油进出口公司贵州分公司通知，出口贵州茅台酒一律使用"飞天"新商标。

　　是年，郭景德任茅台酒厂代理党委书记。茅台酒厂招收新工人350名。

　　是年，全国名白酒技术协作会在茅台酒厂召开。"贵州茅台酒传统工艺操作总结及提高质量研究"列入省科研项目。国务院副总理王震在全国食品工作会议上指出，"茅台酒是国酒"。

　　1974年，"飞天"正标右下角改为简体"中国茅台酒厂出品"。

特征：

　　"飞仙"商标，1958年后长期作为外销专用。凡需用茅台酒的外交场合，无不出现其身影，飞仙商标茅台酒成为一座中华人民共和国与各国之间政治、经济、文化沟通与交流的重要桥梁。俊美飘逸的飞仙形象，随着飞仙牌茅台酒的外销，将中国文化远播四方。

　　此酒是1975年恢复的"飞仙"牌商标后最早的一批飞仙牌茅台酒，外裹棉纸，纸上印有"中國贵州茅台酒"，下方为手工加盖蓝色简体汉字生产日期"一九七五"。

　　在此期间，飞仙牌茅台酒的正标格式与五六十年代的大致相同，左上角的"飞仙商标"图案比后期要略大，飞仙人物比五六十年代更为饱满圆润，但整体酒标比60年代要小；右下角为中英文对照"中国 茅台酒厂出品"，下方有"53%VOL 106PROOF 0.54L. 18.3FL.OZ"（1975年开始标注度数），其容量大于20世纪80年代中后期的500ml容量，俗称之为"大飞天"。封盖较平，暗红色封膜。同时期也生产规格分为540毫升、270毫升、140毫升装。

　　背标为中英文对照说明："茅台酒为中国名酒，在国内外享有盛名。茅台酒产于中国贵州省仁怀县茅台镇，建厂于公元一七〇四年。该酒是用优质小麦、高粱和当地之优良泉水，采用中国传统的独特工艺精酿而成，并经长时间的窖藏，故酒质香醇味美，别具风格。"

生产日期：一九七五年九月一日

生产日期：一九七五年九月一日

1976年五星牌贵州茅台酒（"三大革命"）

生产日期	1976年
产品规格	约54%vol　500g
拍卖信息	北京保利2011年6月4日，Lot4393
成交价格	RMB 149,500／2瓶
收藏指数	★★★☆☆☆

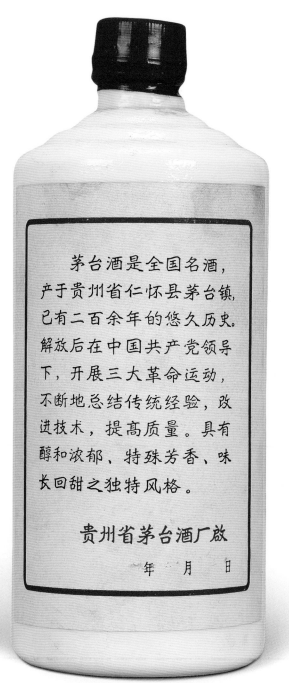

茅台酒是全国名酒，产于贵州省仁怀县茅台镇，已有二百余年的悠久历史。解放后在中国共产党领导下，开展三大革命运动，不断地总结传统经验，改进技术，提高质量。具有醇和浓郁、特殊芳香、味长回甜之独特风格。

贵州省茅台酒厂啟

年　月　日

生产日期：一九七六年五月三日

相关记事：

1976年，产量746吨，售价8.00元。

茅台酒厂原散装红粱窖酒改为瓶装"贵州大曲"。

王治、樊茂宣、杨良全由部队转业到厂任革委会副主任。

1966~1976年"文革"时期，干部职工在困难条件下仍坚持生产，从未间断。

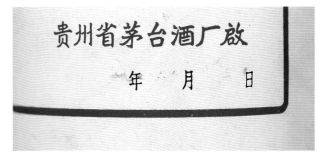

生产日期：一九七六年五月三日

生产日期：一九七六年六月五日

特征：

此酒为深红色封膜，有磨砂感，瓶盖直径略大，线条质感突出。

1976年，副厂长郑义兴向解放军官兵介绍茅台酒。

1976年飞天牌贵州茅台酒（大飞天）

生产日期	1976年
产品规格	53％vol　540ml
拍卖信息	
成交价格	
收藏指数	★★★★☆☆

1976年，贵州茅台酒厂设计的彩盒文字"贵州茅台酒"由书法家麦华三先生书写，沿用至今。

相关记事：

1976年，茅台酒厂接中国粮油进出口总公司贵州分公司通知，同意改换外销茅台酒包装。瓶外皮纸取消，改用彩印纸盒，瓶口外吊牌，吊牌用圆形，红色丝带系结。

"葵花"牌商标改用"飞天"牌商标，每箱24瓶改为纸箱12瓶，箱内不允许附带任何纸物。

1976年吊牌　　　　1980年吊牌

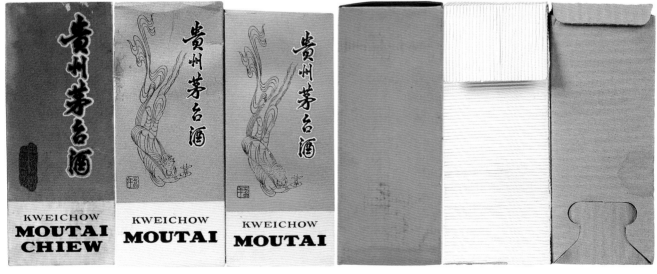

1976年外盒　　　1976年外盒　　　1980年外盒　　　1976年内盒　　　1976年内盒　　　1980年内盒
（三排英文）　　（二排英文）　　（二排英文）

1977年五星牌贵州茅台酒（"三大革命"）

生产日期	1977年
产品规格	约54％vol　500g
拍卖信息	北京保利2011年6月4日，Lot4392
成交价格	RMB　97,750／2瓶
收藏指数	★★★☆☆☆

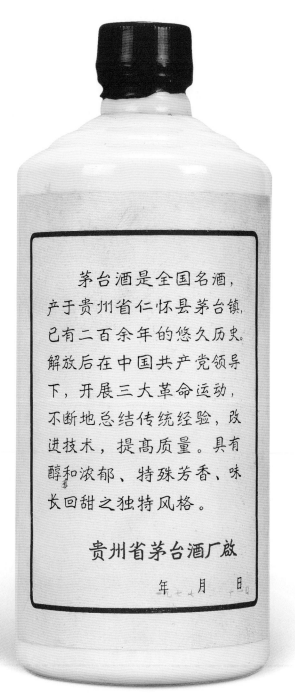

茅台酒是全国名酒，产于贵州省仁怀县茅台镇，已有二百余年的悠久历史。解放后在中国共产党领导下，开展三大革命运动，不断地总结传统经验，改进技术，提高质量。具有醇和浓郁、特殊芳香、味长回甜之独特风格。

贵州省茅台酒厂啟

年　月　日

生产日期：一九七七年二月十一日

瓶口封膜   瓶底

相关记事：

1977年，产量758吨，售价8.00元。

7月，贵州省外贸局、轻工厅联合通知，改进贵州茅台酒包装后发生的差价，同意由外贸补差。

8月，中共贵州省委组织部下文，调仁怀县委书记周高廉到厂任党委书记、厂革委主任（仍兼仁怀县委书记）。

11月，茅台酒厂新建三车间一号生产房投产。

特征：

1977年，五星牌茅台酒，封膜有多种颜色，有红色、紫色、粉色。 生产日期分为蓝色手盖的汉字和阿拉伯数字两种。

1978年葵花牌贵州茅台酒（三大葵花）

生产日期	1978年
产品规格	约54％vol　500g
拍卖信息	西泠印社2011年5月8日，Lot153
成交价格	RMB 95,200
收藏指数	★★★★★☆

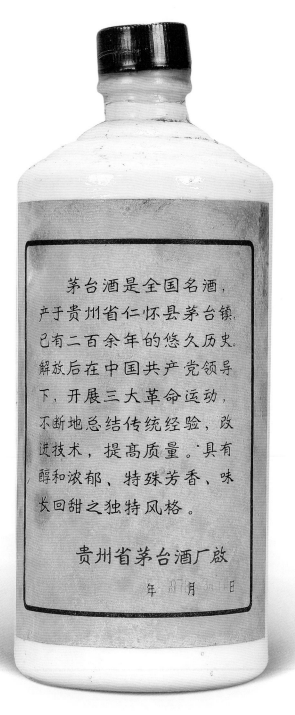

生产日期：1978年3月1日

刘海粟题词

相关记事:

1978年，产量1068吨，售价8.00元。

茅台酒厂科研所开始进行低度茅台酒的研制。

茅台酒厂产量突破千吨大关，达到1068吨，创历史最高水平，结束了茅台酒产量长期徘徊的局面。茅台酒厂一举扭转了连续16年的严重亏损，摘掉了亏损帽子。

1978年，季克良总结出了茅台酒"制曲是基础，制酒是根本，陈酿和勾兑是关键"的工艺特点，得到了行家们的普遍认同，促进了茅台酒生产管理和产品质量的提高。

特征:

此酒正标为"葵花"商标，背标为"三大革命"背标，因此称"三大葵花"茅台。盖顶部较平，无飘带，封膜透明淡黄色，正标葵花图案凸起。"三大葵花"茅台酒，封盖膜颜色一般有3种，一种是透明淡黄色，一种是淡紫色，一种是粉红色。大部分生产日期为1978年2～3月份。

据《茅台酒厂志》载，1978年在整理仓库时发现尚有25.8万张葵花牌商标未使用，由于外销商标"葵花"牌已经恢复为"飞天"牌，因此经有关部门同意用于内销包装。此批500克装的葵花牌商标仅在1978年3月份使用。这期间生产的内销茅台有葵花牌和五星牌两种。背标均为"三大革命"背标，同属内销酒。同时期生产540ml飞天牌茅台酒用于外销。

1978年2~3月葵花牌茅台酒的三种颜色封膜（淡紫色、淡黄色、粉色）

1979年飞天贵州茅台酒（深紫色封膜）

生产日期	1979年
产品规格	约53％vol　500g
拍卖信息	北京保利2010年12月2日，Lot1419
成交价格	RMB 369,600／6瓶
收藏指数	★★★☆☆☆

1979年飞天牌

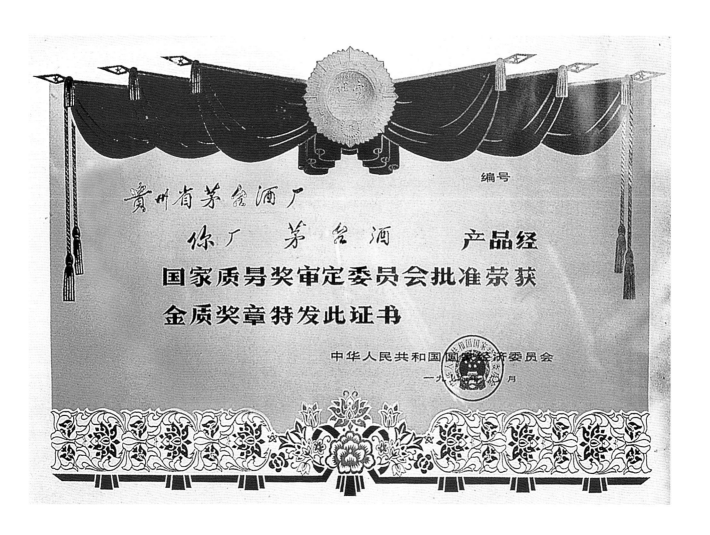

相关记事：

1979年，产量1143吨，售价8.00元。

贵州茅台酒第三次获"国家名酒"称号。获全国最高质量金质奖。

1979年后，季克良先后发表了《提高酱香型酒质量的十条措施》《茅台酒传统工艺的总结》《贵州省茅台酒传统工艺标准》《白酒的杂味》《茅台酒的酿造与"老熟"》等学术论文20多篇，引起了制酒行业极大的关注。

特征：

1979年，五星牌茅台酒，螺旋盖顶部较平，封膜有红色、紫色和黄色，且封膜较薄。

1979年12月30日，茅台酒厂呈报由内销茅台酒背标排印报告：（1）字体用仿宋或隶体；（2）每行15个字，共11行；（3）茅台酒标题比正文大1号字；（4）印刷先拿出原样，审定后付印。

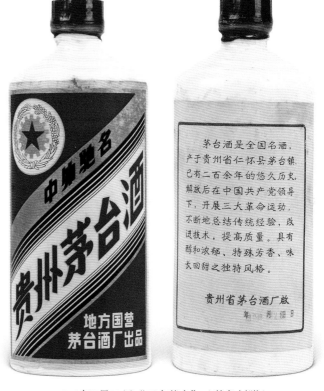

1979年6月28日"三大革命"（黄色封膜）

1980年五星牌贵州茅台酒（金膜"三大革命"）

生产日期	1980年
产品规格	约54％vol　500g
拍卖信息	北京保利2010年12月2日，Lot1418
成交价格	RMB 324,800／6瓶
收藏指数	★★★☆☆☆

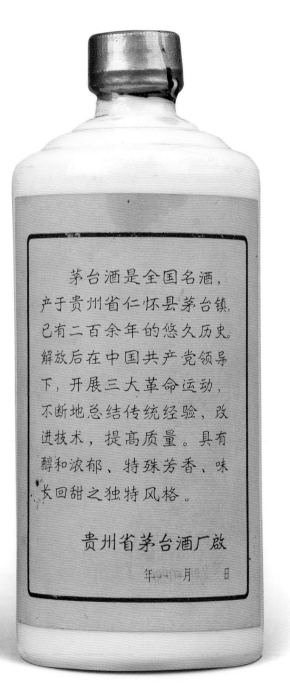

生产日期：1980年8月26日

北京烤鸭
香酥鲜美

1980年《江山多娇》书刊中的宣传页

相关记事:

1980年，产量1152吨，售价8.00元。

茅台酒厂民兵工作获省军区授予的"先进单位"称号。

贵州茅台酒包装实行半机械化生产，有效地提高了包装质量与效率。

茅台酒厂获贵州省"先进企业"称号，被《贵州日报》"光荣榜"列入重点表彰企业。

特征:

据《茅台酒厂志》载，内销五星牌茅台酒自"文革"初期（1966年）诞生开始，至1982年底一直采用"三大革命"背标，生产日期有中文和阿拉伯数字两种。其中1980~1982年瓶盖有内塞圆螺旋盖和有内垫的八角螺旋盖，此期间封膜以红色为主，还有少量的紫色、浅黄色，瓶体皎白如玉，做工细腻，与70年代相比，背标字体略细，瓶肩高度略矮。

1977~1980年，有些飞天牌贵州茅台酒没系红丝带，简装外包白棉纸，用于内销。

1977年小飞天（无飘带0.27L）　　　　1979年大飞天（无飘带0.54L）　　　　1980年大飞天（0.54L）

1980年飞天牌贵州茅台酒（飞天紫酱）

生产日期	1980年
产品规格	53％vol　540ml 270ml
拍卖信息	
成交价格	
收藏指数	★★★★★☆

0.54L

0.27L

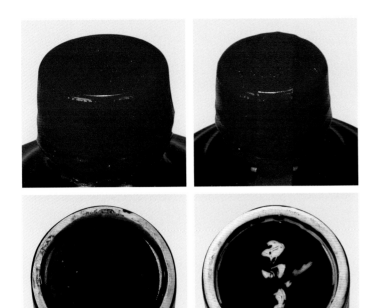

紫飞天0.54L瓶盖瓶底　　紫飞天0.27L瓶盖瓶底

相关记事：

　　据《茅台酒厂志》载：1950年9月，在新中国诞生后的第一个国庆节即将到来的大喜日子里，举世瞩目。中外来宾云集的国宴上用什么酒，一时成为一个难以定夺的问题。

　　因为国宴用酒至少要具备品质上乘、质量一流、品牌尊贵、名誉显赫、历史悠久这些条件。在听取多种意见并慎重考虑之后，周恩来决定把茅台酒作为国庆宴会用酒。此后，茅台酒成为国宴和其他重大场合的必用酒。

特征：

　　左图所展示的0.54升飞天牌茅台酒，粉红色封口膜，无飘带，酱紫色釉瓷瓶，故称"飞天紫酱"。此酒很特别，是此时期唯一一款没有飘带的飞天牌茅台酒。

　　此图所展示0.27升飞天牌茅台酒（飞天紫酱），有粉色飘带，而且较长。

　　此两款茅台酒均为国宴茅台酒，而且存世量极少。

紫飞天0.54L/0.27L（背标）

1981年五星牌贵州茅台酒（"三大革命"）

生产日期	1981年
产品规格	约54％vol　500g　250g
拍卖信息	北京保利2010年12月2日，Lot1417
成交价格	RMB 280,000／6瓶
收藏指数	★★★☆☆☆

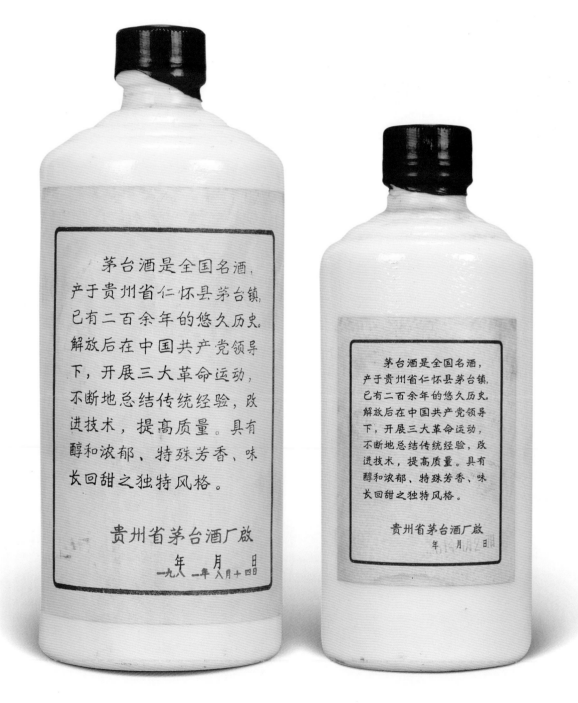

500g装　生产日期：一九八一年八月十四日　　　　250g装　生产日期：1981年1月27日

圆形塑料瓶盖（有内塞盖）

八角形塑料瓶盖（内有密封垫）

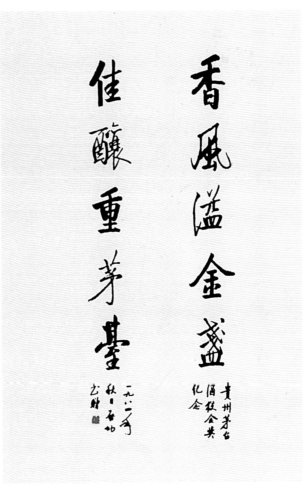

启功先生为茅台酒获金奖题词

相关记事：

　　1981年，产量1052吨，售价11.56元。

　　邹开良任茅台酒厂厂长，季克良任副厂长。

　　茅台酒厂再次获得贵州省"先进企业"称号，被《贵州日报》"光荣榜"列入重点表彰企业。

　　贵州茅台酒厂召开"茅台酒包装材料容器供货单位座谈会"。

特征：

　　左图所展示的1981年"三大革命"为500克和250克，其中250克存世量很少。正红色封膜，瓶盖顶部略有凸起，瓶形圆润。

　　1980~1981年的"大飞天"茅台酒，系红色飘带，封膜一般有3种颜色：浅黄、浅红和红色，材质为火棉胶，且有光泽。

1981年飞天牌贵州茅台酒（0.54L）

1982年五星牌贵州茅台酒（"三大革命"）

生产日期	1982年
产品规格	约54％vol 500g
拍卖信息	北京保利2010年12月2日，Lot1416
成交价格	RMB 324,800／6瓶
收藏指数	★★★☆☆☆

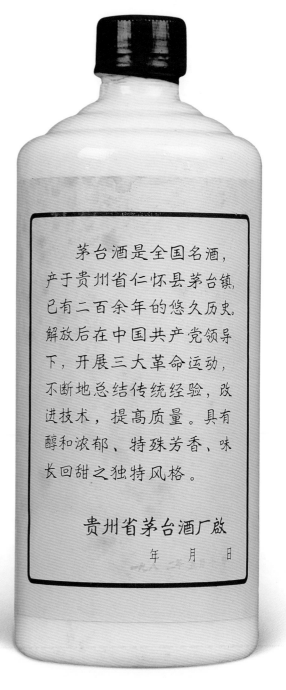

茅台酒是全国名酒，产于贵州省仁怀县茅台镇，已有二百余年的悠久历史。解放后在中国共产党领导下，开展三大革命运动，不断地总结传统经验，改进技术，提高质量。具有醇和浓郁、特殊芳香、味长回甜之独特风格。

贵州省茅台酒厂启

年　月　日

生产日期：一九八二年五月十日

相关记事:

1982年，产量1181吨，售价11.56元。

1982年，贵州省经委、省科委聘任茅台酒厂副厂长、副总工程师杨仁勉兼贵州茅台酒易地试验厂生产试验项目总工程师。

1982年，茅台酒厂再次修改贵州茅台酒内销商标说明书。

1982年12月30日，贵州茅台酒厂全版注册五星牌"贵州茅台"商标，33类，注册号167871，其商标右下角为："地方国营茅台酒厂出品"。因未续展，于1995年总第513期增刊注销。

当年民航客机上免费供应茅台酒

特征:

1982年的茅台酒，瓶盖顶部略有凸起，正红色封膜，有光泽，多数封膜表面有"气泡坑"。

"三大革命"背标从1966年一直用到1983年1月份。

1982~1985年"五星牌"背标生产日期为汉字标注。

1982年前，五星牌注册标识图案如前页左图黑色箭头所指处之"三粒高粱穗"。

1982年飞天牌贵州茅台酒（0.54L）

1978~1983年葵花牌贵州茅台酒（小葵花）

生产日期	1982年
产品规格	约54％vol　250g
拍卖信息	北京保利2013年6月5日，Lot5357
成交价格	RMB 57,500／2瓶
收藏指数	★★★☆☆☆

1981年1月27日"三大小葵花"茅台酒250g装

特征:

　　1978~1983年250克装的葵花牌茅台酒（小葵花）。

　　小葵花茅台分两种：一种是1982年前，背标是"三大革命"的小葵花；另一种是背标为中英文对照说明的小葵花茅台；其中"三大革命"小葵花较少见。

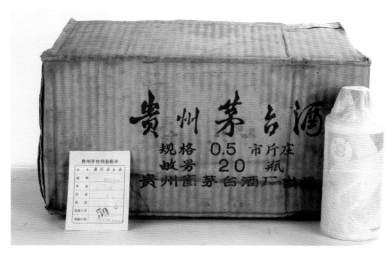

原包装箱"小葵花"茅台酒

250g装　　　　　　　　　　　250g装

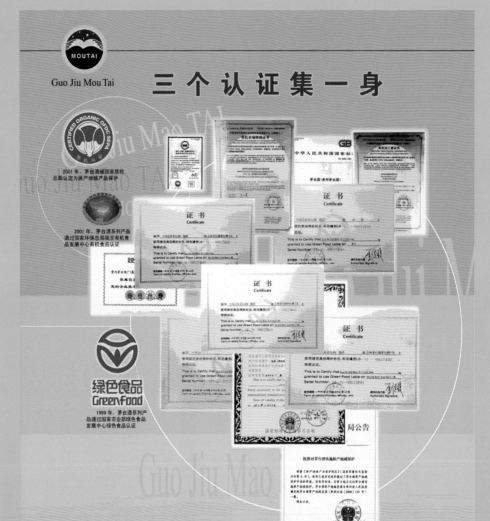

三 个 认 证 集 一 身

MOUTAI
Guo Jiu Mou Tai

CERTIFIED ORGANIC OFDC·SEPA
有机认证

2001 年，茅台酒被国家质检
总局认定为原产地域产品保护

2001 年，茅台酒系列产品
通过国家环保总局南京有机食
品发展中心有机食品认证

绿色食品
GreenFood

1999 年，茅台酒系列产
品通过国家农业部绿色食品
发展中心绿色食品认证

　　公司按照《公司法》、《证券法》、《产品质量法》、《安全生产法》、《合同法》、《会计法》、《上市公司治理准则》
等依法经营，先后通过了 ISO9001 质量管理体系，ISO14001 环境管理体系和 OHSAS18001 职业安全管理体系，并进
行了三大体系整合。茅台酒获"绿色食品"、"有机食品"、"原产地域产品"，在全国的酒行业中，只有茅台酒集三
者于一身。

第四章
1983～2000年

转折新机
产量和质量双提升

1983年五星牌贵州茅台酒（五星黄酱）

生产日期	1983年
产品规格	约54％vol　500g
拍卖信息	西泠印社2011年7月17日，Lot1560
成交价格	RMB 1,265,000／12瓶
收藏指数	★★★★☆☆

生产日期：一九八三年四月廿九日

相关记事：

　　1983年，产量1189吨，售价18.50元。

　　1983年，贵州茅台酒厂获"贵州省优秀产品奖"。

　　1983年，《贵州茅台酒标准》再次制定。

　　背标内容："茅台酒是中国名酒，产于贵州省仁怀县茅台镇，历史悠久，工艺独特，早已驰名中外，为广大消费者所热爱。一九一五年巴拿马万国博览会荣获奖章、奖状。新中国成立后，茅台酒保持并发扬了优良的传统工艺，技术精益求精，质量稳定提高，具有酱香突出、幽雅细腻、酒体醇厚、回味悠长等特点。历届全国评酒会均被评为国家名酒，荣获国家金质奖章　年　月　日。"

特征：

　　釉是陶瓷的外衣，在中国陶瓷史上，釉的发明和使用具有划时代的意义。在釉中掺入不同的金属氧化物，在不同的温度中，釉便能呈现出不同的色泽。

　　左图所展示的五星牌茅台酒，瓶体为黄釉瓷瓶，釉色细腻，瓶体规整，瓶底露胎，俗称"五星黄酱"，是20世纪80年代陈年茅台酒中的极品，极具收藏价值。

　　1983年后，五星牌注册标识图案如左图黑色箭头所指处之"二粒高粱穗"。高粱叶之间的色彩变为白色。

　　1982年，再次修改茅台酒内销包装说明书。此年份生产日期有汉字和阿拉伯数字两种标识方式。

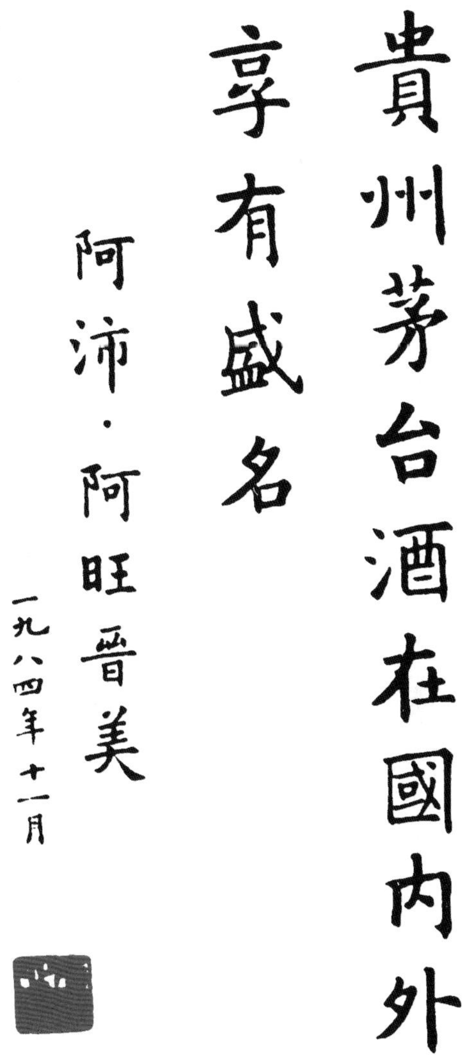

贵州茅台酒在国内外享有盛名

阿沛·阿旺晋美

一九八四年十一月

1983年五星牌贵州茅台酒（7种釉色五星黄酱）

生产日期	1983年
产品规格	约54％vol 500g
拍卖信息	
成交价格	
收藏指数	★★★★★★

特征：

　　1982～1984年间的7七种不同釉色的"五星黄酱"茅台
酒，其中黑褐釉、花釉和浅黄釉的十分难得。如下图所示。

1983年飞天牌贵州茅台酒（飞天黄酱）

生产日期	1983年
产品规格	53％vol　540ml
拍卖信息	西泠印社2011年7月17日，Lot1561
成交价格	RMB 2,300,000／12瓶
收藏指数	★★★☆☆☆

三种釉色的飞天黄酱（棕黄、浅黄、麻黄）

特征：

  1983年飞天牌茅台酒（飞天黄酱），瓶底露胎，足圈较窄，瓶体外施黄釉，通透莹亮，瓶身敦厚，塑制内塞螺旋瓶盖，系红色飘带，正红色封膜，正标烫金色鲜明，与黄釉相衬更显凝重。

  飞天黄酱是当年国宴和赠送外宾的茅台酒，是茅台酒中的极品。

1984年飞天黄酱

1983年五星牌贵州茅台酒（地方国营）

生产日期	1983年
产品规格	约54％vol　500g　250g
拍卖信息	北京保利2010年12月2日，Lot1415
成交价格	RMB 246,400／6瓶
收藏指数	★★★★☆☆☆

500g装　　　　　　　　　　　　　　　　　　250g装

1983年4月份前封膜顶部没有"茅台"二字

1983年4月份后封膜顶部带有"茅台"二字

相关记事：

1983年，产量1189吨，售价18.50元。

1983年，贵州茅台酒厂获"贵州省优秀产品奖"。

1983年，《贵州茅台酒标准》再次制定。

特征：

此酒背标内容由1979年12月30日茅台酒厂"内销茅台酒背标排印报告"提出，从1983年4月开始使用，一直沿用到1986年。正红色封膜，顶部启用"茅台"两字组成的圆形标记，被称为"暗记"，更具美感和防伪功能。

1982年8月以后，五星牌注册标识图案如前页左图黑色箭头所指处之"二粒高粱穗"，和高粱叶之间的颜色变成白色。

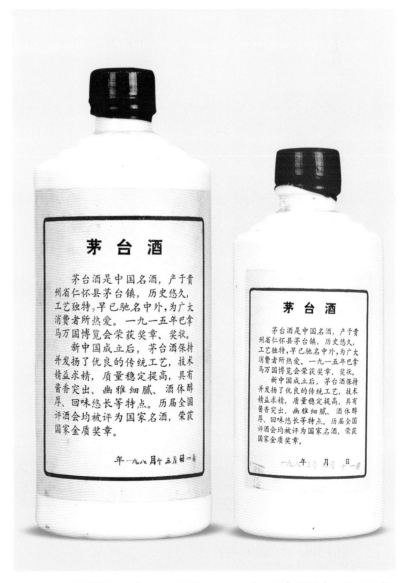

一九八三年三月廿一日500g装　　　一九八三年四月十一日250g装

1984年飞天牌贵州茅台酒（大飞天）

生产日期	1984年
产品规格	约53％vol　540ml 270ml 140ml
拍卖信息	西泠印社2011年3月20日，Lot6140
成交价格	RMB 287,500／6瓶
收藏指数	★★★☆☆☆☆

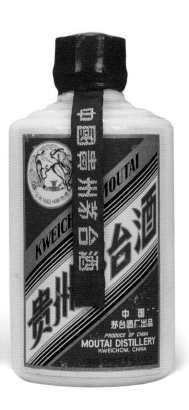

0.54L　　　　　　　　　　　　0.27L　　　　　　　　　　　　0.14L

1984年贵州茅台酒获金质奖

相关记事:

1984年, 产量1319.5吨, 售价18.50元。

是年, 季克良被聘为全国评酒委员。

是年, 贵州茅台酒获国家最高的质量管理奖"金质奖"。贵州茅台酒获轻工业部酒类大赛的"金杯奖"。

低度茅台酒试制 (中试) 列为部级项目下达。

1984年6月1日, 部分外销飞天牌贵州茅台酒容量由0.54升改为500毫升。

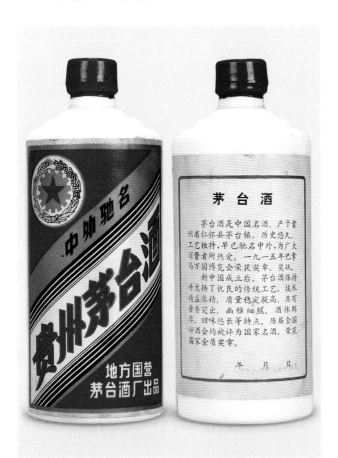

1984年五星牌贵州茅台酒 (500g装)

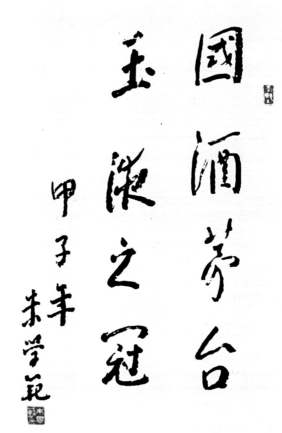

朱学范为茅台酒厂题词

1966～1990年飞天牌贵州茅台酒（小飞天）

生产日期	1966～1990年
产品规格	53％vol　270ml 200ml
拍卖信息	
成交价格	
收藏指数	★★☆☆☆☆

1966年（繁体"貴"）

1979年（紫色封膜）

1981年（正红色封膜）

1982年（八角盖）

1983年（天青色瓶）

1984年

1985年（背标英文）

1986年（200ml）

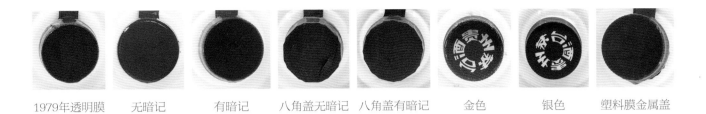

| 1979年透明膜 | 无暗记 | 有暗记 | 八角盖无暗记 | 八角盖有暗记 | 金色 | 银色 | 塑料膜金属盖 |

1987年（金字金属盖）　　1988年（银字金属盖）　　1989年（塑封膜金属盖）　　1990年（塑封膜金属盖）

1984年2月29日棉纸地方国营（250g　20瓶装）

1985年五星牌贵州茅台酒（地方国营）

生产日期	1985年
产品规格	约54％vol　500g
拍卖信息	西泠印社2011年3月20日，Lot6116
成交价格	RMB 218,500／6瓶
收藏指数	★★★☆☆☆

生产日期：一九八五年三月廿二日

1985年《贵州画报》——评酒会是对茅台酒的质量最后的评定

相关记事：

1985年，产量1265.9吨，售价18.50元。贵州省轻纺工业厅明确茅台酒厂实行"厂长负责制"。《贵州茅台酒厂志》编写组成立，杨良全任编委会主任，季克良、王胜涛任副主任。

茅台酒厂获"全国包装改进先进单位"称号。1985年3月，茅台酒获巴黎美食及旅游委员会颁发的国际商品"金桂奖"，由中国驻法大使在巴黎领奖。这是1949年后茅台酒第一次获国际金奖。

1985年11月15日，茅台酒厂注册外销商标为飞天牌，注册号237040。

特征：

1983年12月，贵州省粮油进出口公司下文通知：同意从1984年1月起，茅台酒外销包装瓶盖全部改用扭断式防盗铝盖，取消原来的丝带和小标签。约1985年9月，部分外销飞天牌改为铝制防盗式扭断盖。

1985年飞天牌贵州茅台酒（塑盖500ml）

1985年飞天牌贵州茅台酒（铁盖茅台）

生产日期	1985年
产品规格	53％vol　500ml
拍卖信息	北京保利2010年12月2日，Lot1426
成交价格	RMB 168,000／6瓶
收藏指数	★★★☆☆☆☆

装箱单日期：一九八五年九月十六日

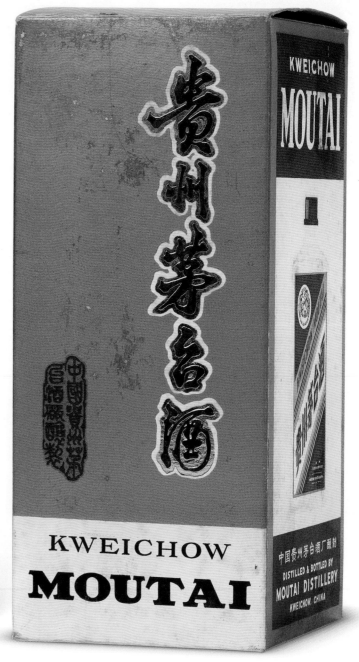

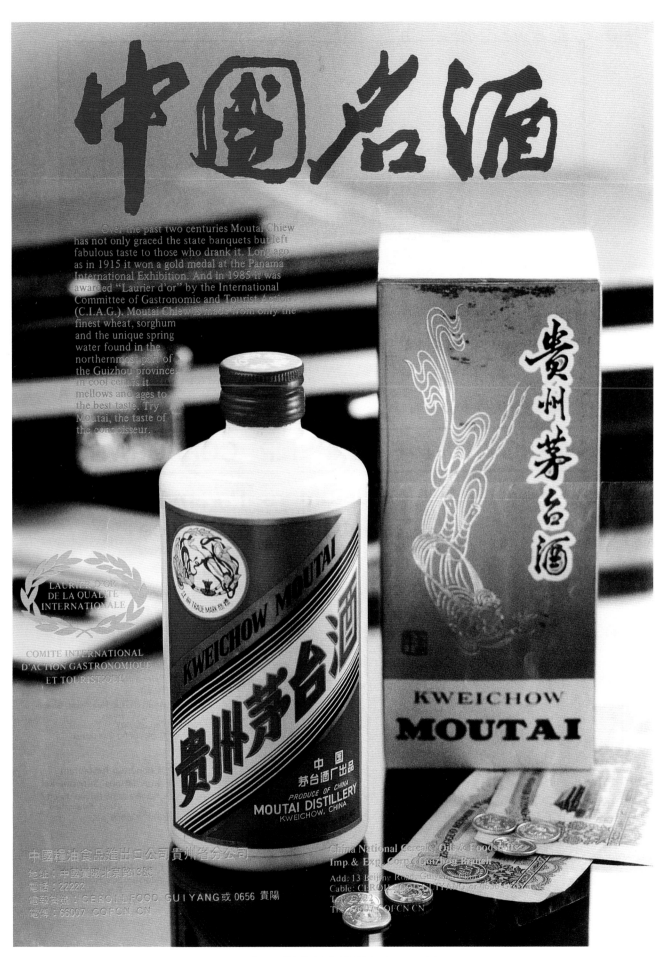

中國名酒

Over the past two centuries Moutai Chiew has not only graced the state banquets but left fabulous taste to those who drank it. Long ago as in 1915 it won a gold medal at the Panama International Exhibition. And in 1985 it was awarded "Laurier d'or" by the International Committee of Gastronomic and Tourist Action (C.I.A.G.). Moutai Chiew is made from only the finest wheat, sorghum and the unique spring water found in the northernmost part of the Guizhou province. In cool cellars it mellows and ages to the best taste. Try Moutai, the taste of the connoisseur.

LAURIER D'OR
DE LA QUALITE
INTERNATIONALE

COMITE INTERNATIONAL
D'ACTION GASTRONOMIQUE
ET TOURISTIQUE

中國糧油食品進出口公司貴州省分公司
地址：中國貴陽北京路13號
電話：22222
電報掛號：CEROIL FOOD GUIYANG 或 0656 貴陽
電傳：66907 COFCN CN

China National Cereals, Oils & Foodstuffs
Imp & Exp. Corp. Guizhou Branch
Add: 13 Beijing Road, Guiyang
Cable: CEROIL FOOD GUIYANG or 0656
Tel: 22222
TLX: 66907 COFCN CN

1985年飞天牌茅台酒（铁盖）（20.07元）

125

1986年五星牌贵州茅台酒（五星黑酱）

生产日期	1986年
产品规格	约54％vol　500g
拍卖信息	北京保利2012年12月4日，Lot2739
成交价格	RMB 920,000／6瓶
收藏指数	★★★★★☆☆

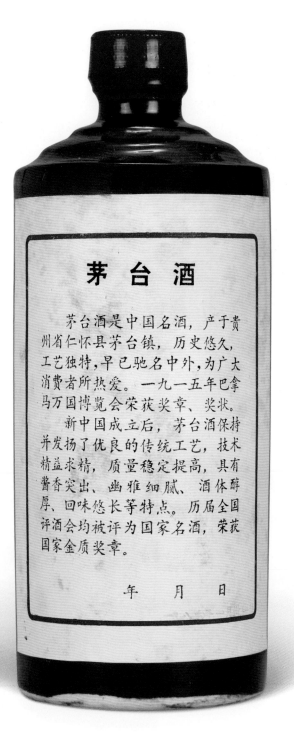

茅 台 酒

　　茅台酒是中国名酒，产于贵州省仁怀县茅台镇，历史悠久，工艺独特，早已驰名中外，为广大消费者所热爱。一九一五年巴拿马万国博览会荣获奖章、奖状。

　　新中国成立后，茅台酒保持并发扬了优良的传统工艺，技术精益求精，质量稳定提高，具有酱香突出、幽雅细腻、酒体醇厚、回味悠长等特点。历届全国评酒会均被评为国家名酒，荣获国家金质奖章。

　　　　　年　　月　　日

生产日期：一九八六年一月卅一日

五星牌贵州茅台酒（原装箱五星黑酱）

相关记事:

    1986年，产量1266.6吨，售价18.50元。

特征:

    此酒是1985～1986年人民大会堂和钓鱼台国宾馆特需茅台酒，瓶盖为八角盖及圆盖混用，颜色有较大的改变，由原来的浅黄色改为了深酱色，酒标不变。这种深酱色瓶身的茅台酒，后被人们称为"五星黑酱"。

    2003年初，酱瓶再度出现，其瓶身质量有了很大提升。

    此图所展示的茅台酒为酱瓶，外施红釉，线条突出。

    其酒质酱香突出，幽雅细腻，酒体醇厚，回味悠长，融酱香、窖底香、醇甜于一体，实为茅台之极品。

    1986年，为响应轻工业部白酒低度化营养化的倡导，同时也为了寻求茅台酒厂新的经济增长点，科研所在厂领导的重视下，在贵州轻工科研所的大力支持下，成功地研制出39％vol贵州茅台酒，后改为38％vol。

1986年五星牌贵州茅台酒（五星浅酱）

生产日期	1986年
产品规格	约54％vol　500g
拍卖信息	北京保利2011年6月4日，Lot4374
成交价格	RMB 1,035,000／12瓶
收藏指数	★★★★★☆

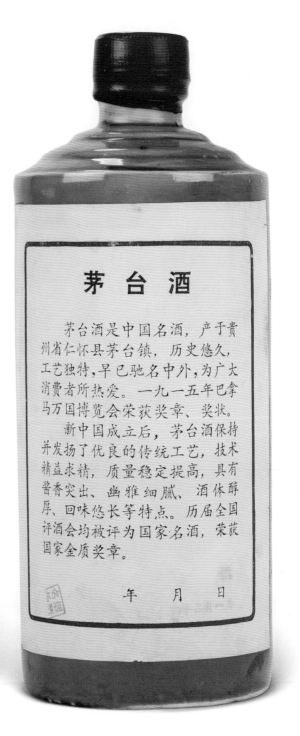

生产日期：一九八六年二月一日

瓶口封膜

瓶底

相关记事:

1986年，酒厂推出豪华型珍品茅台酒，新型包装内配有昆明斑铜厂生产的斑铜酒爵，具有高雅、华贵、古色古香的格调，深受国际好评，并获第十三届亚洲包装评比大会"亚洲之星"包装奖。

1986年，国家工商行政管理局企业司以工商企字46号文件批复贵州省工商行政管理局，同意将"贵州省茅台酒厂"更名为"中国贵州茅台酒厂"。

1986年，39%vol贵州茅台酒通过省级鉴定，后在北京通过国家级鉴定，与会专家对39%vol茅台酒给予了极高的评价。

在法国举办的第十二届国际食品博览会上，飞天牌贵州茅台酒获金牌奖。

特征:

五星浅酱是当年烧制过程导致，其他特征不变。1986年2～4月之间，五星茅台酒的生产日期标注由简体汉字换为阿拉伯数字。

1986年巴黎第十二届国际博览会金质奖章

1986年飞天牌贵州茅台酒（铁盖茅台）

生产日期	1986年
产品规格	53％vol　500ml
拍卖信息	北京保利2010年12月2日，Lot1426
成交价格	RMB　168,000／6瓶
收藏指数	★★★☆☆☆☆

相关记事:

　　1986年9月1日起，包装茅台酒（含内外销）计量单位逐步从0.5千克、0.25千克、0.125千克改装为500毫升、375毫升、200毫升、50毫升等规格，废除1市斤装、半市斤装、2.5两装。容量统一改"克"为"毫升"。茅台酒进入国际市场，酒厂将内销外销的容量都改成毫升，由此带动了国内所有白酒都采用毫升为单位。由克改毫升，销售价不变，增加了效益。

　　1986年9月，茅台酒厂试制成功39%vol茅台酒，在外销包装标志就是在商标右上角有39%vol字样，后来改为38%vol。

特征:

　　1986年生产的飞天牌茅台酒为铝盖，俗称"铁盖茅台"。容量为500毫升，包装为彩盒，内附瓦楞纸防碎内胆的双层防碎设计，所以又称"铁双飞"。正标右下角，落款为"中国　茅台酒厂出品"。塑料旋钮盖换成了铝制旋钮盖，让茅台多了一份时代感的气息。

1986年39%VOL茅台酒（500ml）

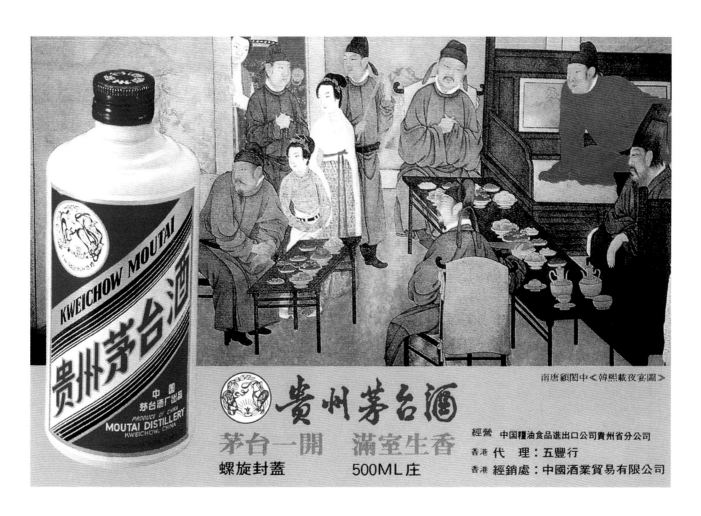

南唐顾闳中《韩熙载夜宴图》

1986年五星牌贵州茅台酒（地方国营）

生产日期	1986年
产品规格	约54％vol　500g
拍卖信息	北京保利2010年12月2日，Lot1412
成交价格	RMB 179,200／6瓶
收藏指数	★★★☆☆☆

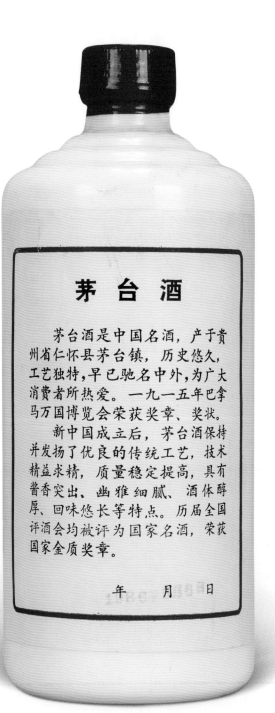

茅台酒是中国名酒，产于贵州省仁怀县茅台镇，历史悠久，工艺独特，早已驰名中外，为广大消费者所热爱。一九一五年巴拿马万国博览会荣获奖章、奖状。

新中国成立后，茅台酒保持并发扬了优良的传统工艺，技术精益求精，质量稳定提高，具有酱香突出、幽雅细腻、酒体醇厚、回味悠长等特点。历届全国评酒会均被评为国家名酒，荣获国家金质奖章。

生产日期：1986年9月6日

包装盒印刷有"地方国营茅台酒厂出品"

1986年五星牌铝制防盗式扭断盖 　　　　　1986年12月24日五星牌铝盖茅台酒

相关记事:

1986年,茅台酒厂全版注册五星牌"贵州茅台"商标,注册号284526。1989年,总第414期续展;1996年总第588期续展。

8月31日,国家工商行政管理总局企业登记司批复贵州省工商行政管理局同意将"贵州省茅台酒厂"更名为"中国贵州茅台酒厂"。

9月,茅台酒厂接上级通知,改进内销酒包装,由540毫升改为500毫升,并改塑盖为铝盖,背标同比例缩小,正标右下角由"地方国营茅台酒厂"更改为"中国贵州茅台酒厂出品"。

特征:

1986生产的"地方国营"茅台酒棉纸包装,背标生产日期有两种:一种是简体汉字,另一种为阿拉伯数字。1986年12月24日,五星牌开始使用铝制防盗式扭断盖,瓶外包装纸改用彩印纸盒。

1986年至1987年2月年生产的铝盖茅台酒彩盒上印有"地方国营茅台酒厂出品"字样,1986-1989年五星牌铝盖茅台盖顶的"贵州茅台酒"有金色和银色两种,金色是一层防锈漆,银色是铝的本色;1986~1990年的度数和容量标注在包装盒上;1986~1988年内销的五星牌茅台酒精度数为54%vol。

1986年五星牌茅台酒(铝盖茅台500ml)

1987年五星牌贵州茅台酒（大背标）

生产日期	1987年
产品规格	54％vol　500ml
拍卖信息	北京嘉德2011年3月20日，Lot6114
成交价格	RMB 161,000／6瓶
收藏指数	★★☆☆☆☆

生产日期：1987年3月20日

1987年五星牌茅台酒少部分瓶盖侧面带有"OPEN"字样

金盖地方国营（摘自上海人民印刷八厂敬贺，纪念茅台酒荣获"巴拿马"金奖70周年，1987年挂历）

相关记事：

1987年，产量1331.2吨，售价分别为五星茅台 58.30元，飞天茅台 65.00元，飞天黄酱 70.00元。

1987年，茅台酒广告获"出口产品广告"国际一等奖。

贵州省轻纺工业厅通知，从1987年起茅台酒厂升格为大型企业。茅台酒厂被评为国家二级企业。《茅台酒标准》获贵州省优秀标准二等奖。

1987年1月，五星牌茅台酒全部用铝制防盗式扭断盖。

特征：

1987年五星茅台酒的特征与1986年铁盖基本相同，其包装盒上"地方国营茅台酒厂出品"更改为与商标一致的"中国贵州茅台酒厂"。

此年份的茅台酒有一种特殊背标，红色边框较大、字体间距较大，俗称"大背标"。其中少部分瓶盖侧面印有"OPEN"标识。

1983～1986年五星茅台酒背标

1987年五星茅台酒大背标

1987～1990年五星茅台酒背标

1988年五星牌贵州茅台酒（铁盖茅台）

生产日期	1988年
产品规格	54%vol 53%vol　500ml
拍卖信息	北京嘉德2011年3月20日，Lot6113
成交价格	RMB 138,000／6瓶
收藏指数	★★☆☆☆☆

生产日期：1988年1月13日

1986～1989年金色字"贵州茅台酒"铝制防盗式扭断盖
（金色为铝制表面加防锈漆）

1986～1994年银色字"贵州茅台酒"铝制防盗式扭断盖
（银色为铝制本色）

相关记事:

1988年，产量1300吨，售价分别为：五星茅台145.00元，飞天茅台150.00元，珍品茅台308.00元。

1988年，茅台酒厂厂长邹开良当选为第七届全国人大代表。

季克良经考试被评为"全国第五届白酒类评酒委员"。

是年，茅台酒获中国首届食品博览会金奖。

1988年4月，茅台酒的计量单位正式由重量改为容量。（指的是半斤装和二两半装）

特征:

1988年五星牌贵州茅台酒度数有54%vol、53%vol两种，生产日期为蓝色手工加盖印在背标"年月日"处对应的数字。

北京市糖业烟酒公司
调整茅台等十三种外供名白酒价格通知单

金额单位（外汇人民币）：元

编号	品名	规格	产地	单位	现行外汇价格 批发	现行外汇价格 零售	调后外汇价格 批发	调后外汇价格 零售
外汇一1	彩盒茅台酒	500克55° 乳白瓶	贵州仁怀	盒	34·54	39·00	57·52	65·00
2	″	″ 黄瓷瓶	″	″	37·17	42·00	61·95	70·00
3	″	250克55° 乳白瓶	″	″	20·35	23·00	33·89	38·30
4	″	125克	″	″	11·50	13·00	19·20	21·70
5	茅台酒	500克 ″	″	瓶	30·97	35·00	51·59	58·30
6	″	250克	″	″	18·14	20·50	30·27	34·20
77	内销彩盒茅台酒	500CC 防盗盖	″	盒	34·51	39·00	57·52	65·00
7	郎酒	500克54° 乳白瓶	四川古蔺	瓶	24·78	28·00	44·25	50·00
8	″	250克	″	″	13·89	15·70	24·78	28·00
68	新装郎酒	500克	″	″	26·81	30·30	47·88	54·10
69	″	250克	″	″	14·87	16·80	26·55	30·00
70	新装礼盒郎酒	500克	″	盒	15·93	18·00	28·41	32·10
73	″	500克	″	″	27·79	31·40	49·65	56·10
83	郎酒	500克39° 乳白瓶	″	瓶	22·22	25·10	39·65	44·80
9	麦博瓶泸州大曲	1磅52°	四川泸州	″	17·26	19·50	35·40	40·00
10	泸州老窖特曲	500克60° 方瓶	″	″	16·11	18·20	33·01	37·30
11	″	″ 陶瓷瓶	″	″	16·11	18·20	33·01	37·30
12	″	″ 柱瓶	″	″	14·96	16·90	30·71	34·70
56	礼盒泸州老窖特曲	250克方瓶	″	盒	9·20	10·40	18·85	21·30
57	″	500克方瓶	″	″	17·26	19·50	35·40	40·00
63	″	125克×4方瓶	″	″	20·71	23·40	42·48	48·00
67	泸州老窖特曲	250克38° 白方瓶	″	瓶	8·67	9·80	17·79	20·10
71	″	500克52° 白方瓶	″	″	17·26	19·50	35·40	40·00
75	″	250克陶瓷瓶	″	″	9·20	10·40	18·85	21·30
76	礼盒泸州老窖特曲	500克柱瓶	″	盒	16·64	18·80	34·15	38·60
85	″	500克38° 白方瓶	″	瓶	15·66	17·70	32·12	36·30
13	麦飘瓶五粮液	500克	四川宜宾	″	21·24	24·00	43·57	49·20
14	五粮液	″ 白料异瓶	″	″	18·85	21·30	35·31	39·90
15	出口五粮液	250克异瓶	″	″	13·01	14·70	24·42	27·60
16	″	125克	″	″	7·08	8·00	13·27	15·00
17	″	500克	″	″	23·54	26·60	44·16	49·90
18	″	125克	″	″	6·46	7·30	12·12	13·70
19	麦飘瓶礼盒五粮液	500克52°	″	盒	24·78	28·00	46·47	52·50
20	″	125克×2 52°	″	″	15·31	17·30	28·67	32·40
60	″	50克×4	″	″	15·31	17·30	28·67	32·40

1987.9.7 — 1 —

1987年9月7日，北京市糖业烟酒公司中国名酒价格通知单。

1989年五星牌贵州茅台酒（铁盖茅台）

生产日期	1989年
产品规格	53％vol　500ml
拍卖信息	北京嘉德2011年3月20日，Lot6112
成交价格	RMB 126,500／6瓶
收藏指数	★★★☆☆☆☆

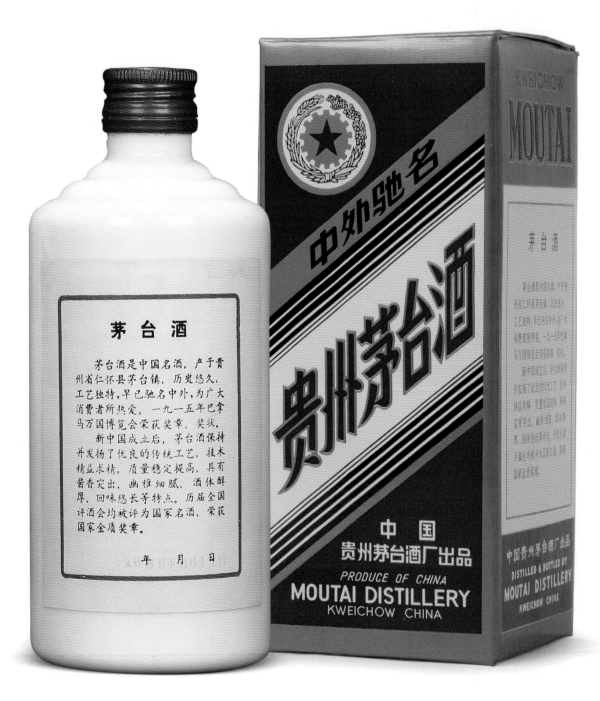

生产日期：1989年11月11日

1989年飞天牌茅台酒（两种背标）

1989年飞天牌茅台酒（500ml双层盒）

相关记事：

1989年，产量1728.8吨,售价86.00元。

是年，茅台酒厂暂停机器制曲，全面恢复人工踩曲。

是年，茅台酒获国家第五届评酒会金奖，实现了国内金奖"五连冠"。

1989年9月，飞天牌正标右下角由"中国贵州茅台酒厂出品"改为"中國貴州茅台酒廠出品"。

贵州红缨子高粱

1990年五星牌贵州茅台酒（确认书铁盖茅台）

生产日期	1990年
产品规格	53％vol　500ml
拍卖信息	北京嘉德2011年3月20日，Lot6111
成交价格	RMB 80,500／6瓶
收藏指数	★★★☆☆☆☆

名　　称：贵州茅台酒
标准代号：黔Q11-84
配　　料：高梁,小麦1:1
批　　号：90－－05
生产日期：1990年4月5日
厂　　　址:贵州省仁怀县茅台镇

飞天牌食品标签，标准代号"黔Q11-84"
注：从1990年3月至1992年6月22日

名　　称：贵州茅台酒
标准代号：黔Q11-84
配　　料：高梁,小麦1:1
净含量：500mL
酒　　度：53＋1% VOL
批　　号：
生产日期：1990年6月6日
厂　　　址:贵州省仁怀县茅台镇

五星牌食品标签，标准代号"黔Q11-84"
注：从1990年3月至1993年5月

相关记事：

1990年，产量1880吨,售价86.00元。

是年，国家副主席王震为厂志题写书名《茅台酒厂志》。

是年，《茅台酒厂志》出版发行。

特征：

1990年，有少部分五星牌贵州茅台酒使用飞天牌背标，背标上加贴"贵州茅台酒確認書"，两条红色丝带上均书有"中國贵州茅台酒"，俗称"确认书铁盖茅台"只在1990年生产过。

1990年五星贵州茅台酒使用飞天背标，背标上加贴"贵州茅台酒確認書"标签，俗称为"确认书茅台"，其背标正文"高粱"误写为"高梁"，1992年改回"高粱"。

1990年，五星茅台酒的生产日期有两种标识方式：初期为盖印在背标的蓝色数字，4月开始加盖印蓝色数字、汉字在彩盒盖内食品标签上。

1990年，飞天茅台酒的正标右下角容量的标注由"500ML"改为"500ml"，1990年下半年飞天牌彩盒及正标、背标全部改版更新，线条图案轮廓更清晰。

1990年飞天牌贵州茅台酒（亚运会铁盖茅台）

生产日期	1990年
产品规格	39％vol　500ml
拍卖信息	
成交价格	
收藏指数	★★★★☆☆

名　　　称：39％VOL贵州茅台酒	
标准代号：　　黔Q89-86	
配　　　料：　高粱，小麦1:1	
批　　　号：　　90— —03	
生产日期：　1990年8月3日	
厂　　　址：贵州省仁怀县茅台镇	

名　　　称：38％(V/V)贵州茅台酒	
标准代号：　Q/MJJ2.2	
配　　　料：　高粱、小麦	
批　　　号：　　93— —20	
生产日期：　1993年1月9日	
厂　　　址：贵州省仁怀县茅台镇	
食品标签准印证：黔044号	

名　　　称：43％(V/V)贵州茅台酒	
标准代号：　Q/MJJ2.3	
配　　　料：　高粱、小麦	
批　　　号：　　93— —04	
生产日期：　1993年9月26日	
厂　　　址：贵州省仁怀县茅台镇	
食品标签准印证：黔043号	

39％vol食品标签　　　　　38％vol食品标签　　　　　43％vol食品标签
标准代号：黔Q89-86　　标准代号：Q/M JJ 2.2　　标准代号：Q/M JJ 2.3

相关记事：

　　1990年，北京召开的第十一届亚运会，茅台酒成为亚运会指定产品。是茅台酒最早的定制酒。

1991年贵州茅台酒（铁盖茅台）

生产日期	1991年
产品规格	53%vol 500ml
拍卖信息	北京保利2010年12月2日，Lot1407
成交价格	RMB 145,600／12瓶
收藏指数	★★☆☆☆☆

1991年五星牌（五星正标、五星背标）

144

1991年飞天牌和五星牌（五星正标、飞天背标）封盖   1991年五星牌（五星正标、五星背标）封盖

相关记事：

1991年，产量1959.4吨，售价180元。

1991年，贵州酒荣获首届"中国驰名商标"第一名。

是年，贵州茅台酒新开发产品43%vol茅台酒通过省级鉴定，产品理化指标达到标准要求，同意投入批量生产。

是年，贵州茅台酒（铁盖茅台375毫升）一直沿用到2001年。

500ml   375ml   200ml   50ml

1991年贵州茅台酒（铁盖茅台）

生产日期	1991年
产品规格	53％vol　500ml
拍卖信息	北京保利2010年12月2日，Lot1407
成交价格	RMB 145,600／12瓶
收藏指数	★★☆☆☆☆

1991年五星牌系有红丝带和红色封膜（用飞天牌的背标）

特征：

1987～1991年底，五星牌贵州茅台酒（五星正标、五星背标）没系有红丝带。

1990～1991年底，五星牌贵州茅台酒（五星正标、飞天背标）两条红丝带都书"中國贵州茅台酒"。

1991年1月8日，五星牌茅台酒彩盒及正标、背标全面改版更新，线条图案轮廓更清晰，正标右下角厂家标注第一行为"中国"，第二行为"贵州茅台酒厂出品"，下方增加酒精度及容量信息标注。

1991年飞天牌系有红丝带和红色封膜（用飞天牌的背标）

1992年贵州茅台酒（铁盖茅台）

生产日期	1992年
产品规格	53％vol　500ml
拍卖信息	北京嘉德2011年3月20日，Lot6109
成交价格	RMB 69,000／6瓶
收藏指数	★★★☆☆☆☆

名 称:	贵州茅台酒
标准代号:	Q/MJJ2.1
配 料:	高粱、小麦
批 号:	92——08
生产日期:	1992年6月24日
厂 址:	贵州省仁怀县茅台镇
食品标签准印证:	黔043号

飞天牌标准代号：Q/M JJ2.1
注：从1992年6月24日至1996年

名 称:	贵州茅台酒
标准代号:	黔Q11-84
配 料:	高粱,小麦1:1
净 含 量:	500mL
酒 度:	53±1% VOL
批 号:	93——08
生产日期:	1993年11月15日
厂 址:	贵州省仁怀县茅台镇

五星牌标准代号：黔Q11-84 使用至1993年5月
注：以后使用飞天牌标准代号：Q/M JJ2.1

相关记事:

1992年，产量2089.3吨，售价200元。

1992年2月22日，在广州市天河体育中心举办的"中华百绝博览会"上，贵州茅台酒获首届"中华百绝博览会"特别金奖。

6月，据《人民日报》消息，在日本东京举办的第四届国际酒类博览会上，贵州茅台酒获白酒金奖。这次博览会由中、美、英、日、德、法等28个酒类生产国和地区的300多家企业参加，3000多种名优酒参展参评。

6月，飞天牌正标酒精含量的"VOL"改为"（V/V）"。

特征:

1992年，五星牌与飞天牌茅台酒都系红色飘带，红色封膜，1992年开始五星牌贵州茅台酒（包含五星正标、飞天背标）两条红丝带中一条书"中國贵州茅台酒"另一条书"中國名酒世界名酒"。

1987年9月，首次试用贵阳美工玻璃瓶。1988年11月，试用湖北松滋玻璃厂生产的茅台酒瓶。1990年，首次使用景宏玻璃厂生产的茅台酒瓶。1992年，清镇玻璃瓶停止使用。

1992年飞天牌茅台酒（汉帝试制酒500ml装）

1992年汉帝茅台酒(百年)

生产日期	1992年
产品规格	53％vol　500ml
拍卖信息	北京保利2011年6月3日，Lot3238
成交价格	RMB 8,970,000
收藏指数	★★★★★★

中文证书

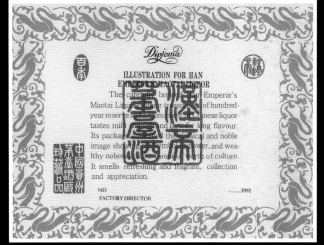

英文证书

相关记事：

　　1992年，贵州茅台酒厂推出极具收藏与品鉴价值的汉帝茅台酒，是采用珍藏百年的茅台酒之稀世珍品精心幻兑酿制，瑰集中华民族酒文化之精华，酒体醇厚，酱香突出，优雅细腻，回味悠长，空杯留香。该包装古典华贵，是权利、富有、尊贵的象征，亦是欣赏收藏之珍品。汉帝茅台酒迄今总共酿制10盒（瓶），外盒及配套的一对酒爵系传统工艺用青铜铸造镀金。盒顶龙口含珠，纯金镶造，净重约200克。该包装荣获1992年（世界之星）国际最高奖。

1993年贵州茅台酒（铁盖茅台）

生产日期	1993年
产品规格	53％vol　500ml
拍卖信息	北京嘉德2011年3月20日，Lot6108
成交价格	RMB 74,750／6瓶
收藏指数	★★★☆☆☆☆

悠长等特点。历届全国评酒会
家名酒，荣获国家金质奖章。

1JJ2.1	批号：	
、小麦	生产日期	93—-03　1993年5月
、贵州省仁怀县茅台镇		
标签准印证：黔043号		

五星牌背标标注批号，生产日期
注：1993年5月~1995年　　　　五星标激光防伪　　　　飞天标激光防伪

相关记事：

1993年，产量2281吨，售价213.80元。

1993年2月，茅台酒厂"贵州"注册商标在北京国家工商总局续展（继续注册），使用范围为国内36类，国际33类。

1993年4月起出厂的38%vol贵州茅台酒酒盒上增设条形码。

1993年8月26日，贵州茅台酒盒增加激光防伪标记。

1993年6月，茅台酒厂厂长季克良赴法国参加波尔多国际酒展，并参加评比活动，茅台酒（53%vol、43%vol、38%vol）被授予特别荣誉奖。

特征：

1993年还有部分五星牌贵州茅台酒（五星正标、飞天背标）使用飞天牌的背标，红丝带与五星牌相同，一条书"中國贵州茅台酒"另一条书"中國名酒世界名酒"。

1993年，五星牌背标改版，有食品标签的相关内容，具体的批号，生产日期再加手工盖印红色数字和汉字，一直使用到1995年。

全国38大城市名酒价格表
1993年6月　单位:元/500克(瓶)

品名 地区	茅台 进价	茅台 批发价	茅台 零售价	五粮液 进价	五粮液 批发价	五粮液 零售价	郎酒 进价	郎酒 批发价	郎酒 零售价	剑南春 进价	剑南春 批发价	剑南春 零售价	董酒 进价	董酒 批发价	董酒 零售价
全　国	118.5	180.0	213.80	79.5	106.4	130.6	32.83	46.86	53.26	30.90	52.88	56.18	16.64	20.59	24.16
北　京		178.6	200.00												
天　津						130.0						60.00			25.00
石家庄			215.0			120.0			55.00		67.68	76.00		22.32	25.00
太　原			238.00			148.0			50.00			27.00			28.00
呼和浩特															
沈　阳	162.00	180.2				126.0	27.87	49.55	55.00	25.81	45.05	50.00	15.45	19.82	22.00
大　连		194.6	218.00		111.6	125.0		49.10	55.00						
长　春		204.9	229.50		115.4	129.0		55.40	62.00					24.40	27.30
哈尔滨															
上　海	117.80	196.4	220.00	78.0	120.5	135.0	39.50	58.00	65.00	24.76	58.00	65.00	17.68	19.54	22.00
南　京		180.0	210.00		105.0	127.0		50.00	60.00		52.00	59.00		20.00	24.60
杭　州		190.0	212.80		95.0	106.4		45.00	50.40		36.80	41.22		19.00	21.28
宁　波		205.4	230.00		120.0	134.4		52.00	58.00		65.00	73.00		23.00	25.70
南　昌															
合　肥															
福　州	160.00	170.0	201.60	80.0	90.0	100.0	32.00	34.00	41.44	27.05	41.00	48.00	15.20	18.45	20.66
厦　门	76.00	146.0	168.00	36.5	64.5	85.00	27.87	35.50	55.00				14.18	17.20	25.00
济　南															
青　岛			218.00						45.00			65.00			21.00
郑　州															
武　汉	170.00		200.00		145.0	160.0		41.00	50.00					18.90	22.00
长　沙															
广　州		180.0	208.80		146.0	166.0		45.00	51.30		56.00	60.00		22.80	26.00
深　圳									145.0						
海　口	69.94	142.9	240.00	58.0	75.9	145.0	28.77	41.95	56.60	46.00		56.00	18.40	22.32	29.00
南　宁			200.00						40.00			60.00			21.00
成　都			200.00						40.00			60.00		18.20	20.50
重　庆			225.00						60.00						
贵　阳		170.0	195.00			135.0						67.00			27.00
昆　明			245.00									68.00			
拉　萨						120.0									27.00
西　安			215.00						38.00						26.00
兰　州									29.00						
西　宁															
银　川															
乌鲁木齐															

1993年7月《中国酒》月刊　创刊号"全国38大城市名酒价格表"

1994年贵州茅台酒（铁盖茅台）

生产日期	1994年
产品规格	53％vol　500ml
拍卖信息	北京嘉德2011年3月20日，Lot6107
成交价格	RMB 63,250／6瓶
收藏指数	★★★☆☆☆

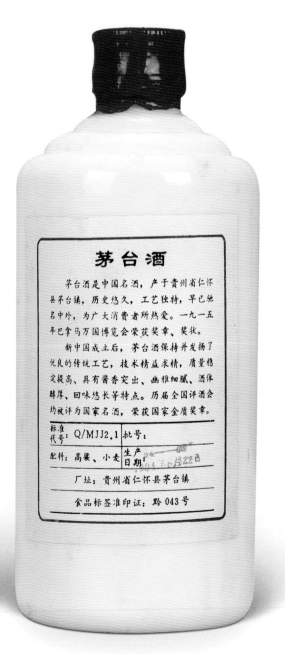

生产日期：1994年6月22日

相关记事：

1994年，产量3390吨，售价238元。

6月，在北京中国国际展览中心举办"第五届亚太国际贸易博览会"，博览会上53%vol、43%vol、38%vol中国贵州茅台酒获金奖。

11月，在美国举行的纪念巴拿马万国博览会80周年国际名酒评比会上，53%vol、43%vol、38%vol茅台酒均获特别金奖第一名。

12月，在全国名优酒复查评比会上，53%vol、43%vol、38%vol茅台酒名列国家名酒第一位。

... 国家名酒，荣获国家金质奖章。

/MJJ2.1	批号：
梁、小麦	生产日期：
址：贵州省仁怀县茅台镇	
品标签准印证：黔043号	

五星牌贵州茅台酒（批号，生产日期）

1995年贵州茅台酒（铁盖茅台）

生产日期	1995年
产品规格	53％vol　500ml
拍卖信息	北京嘉德2011年3月20日，Lot6106
成交价格	RMB 57,500／6瓶
收藏指数	★★★☆☆☆☆

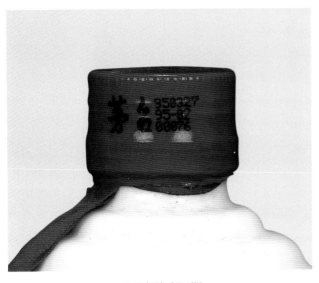

1995年生产日期

1994年10月至1996年8月铝盖顶部的"贵州茅台酒"字为凸起

相关记事：

1995年，产量3978吨，售价240元。

2月21日，茅台酒厂包装车间首次使用喷码机，在茅台酒瓶盖胶套上喷码增强防伪功能。

7月，茅台酒厂顺利通过ISO-9002贯标认证的监督检查。

特征：

1994年10月份以后的茅台酒瓶盖顶部的"贵州茅台酒"由原来的平面更改为凸起，瓶盖与原来的红色相比略浅。

1995年五星茅台酒有两种背标：一种背标与1993～1994年格式相同，并标注红色生产日期，同时包装盒上食品标签也标注生产日期；另一种背标印有"生产日期及批号见瓶口"。

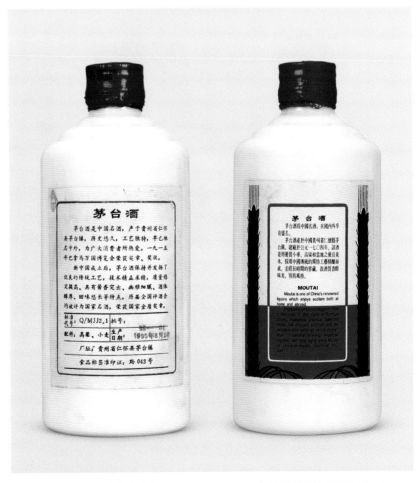

1995年五星牌茅台背标500ml　　　1995年飞天牌茅台背标500ml

1996年贵州茅台酒（铁盖茅台）

生产日期	1996年
产品规格	53%vol　500ml
拍卖信息	北京嘉德2011年3月20日，Lot6132
成交价格	RMB 46,000／6瓶
收藏指数	★★☆☆☆☆☆

生产日期：1996年1月28日

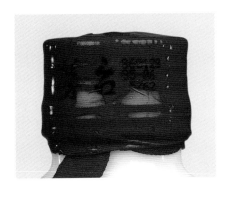  

1996年8月21日塑料封盖

相关记事:

1996年, 产量4365吨, 售价280元。

3月, 茅台酒采用日本生产的酒瓶用于茅台酒珍品包装。

3月25日, 停止使用食品标签, 食品标签内容改印在彩盒上。

7月, 香港茅台贸易公司成立。

7月, 贵州省人民政府批准贵州茅台酒厂改制为国有独资公司, 更名为"中国贵州茅台酒厂(集团)有限责任公司"。

特征:

从1994年12月起, 飞天牌背标左侧麦穗的右边麦粒, 第七粒与麦芒之间有一个小黑点暗记(见前页右图黑色箭头所指处), 此背标使用到2000年。

1996年的茅台酒共有两种瓶盖及封膜: 一种为铝盖红色封膜; 另一种为8月19日开始采用意大利生产的新型防伪防漏瓶盖, 透明封膜, 批号及生产日期喷于瓶口的封膜上。后一种瓶盖从根本上解决了茅台酒包装低档、易漏酒跑气、瓶难开的问题, 并在包装盒里附带"启用新瓶盖"的介绍标签。

1996年五星牌背标厂址由"贵州省仁怀县茅台镇"更改为"贵州省仁怀市茅台镇"。

敬启者:

现在您手里这瓶国酒茅台的瓶盖是我厂从意大利 GUALA 公司进口的专用瓶盖, 具有防伪、防再次灌装, 使用安全的功能。

开启时, 握住塑料旋转盖逆时针方向旋转即可。

需要向您提醒的是: 因机压关系, 偶然会有倒酒不畅的现象, 这时可握住酒瓶, 垂直上下稍作晃动, 即可轻松地将酒倒出。

中国贵州茅台酒厂

1996年瓶盖说明   1996年8月21日五星牌茅台酒500ml

1997年贵州茅台酒

生产日期	1997年
产品规格	53％vol　500ml
拍卖信息	北京嘉德2011年3月20日，Lot6131
成交价格	RMB 43,700／6瓶
收藏指数	★★☆☆☆☆

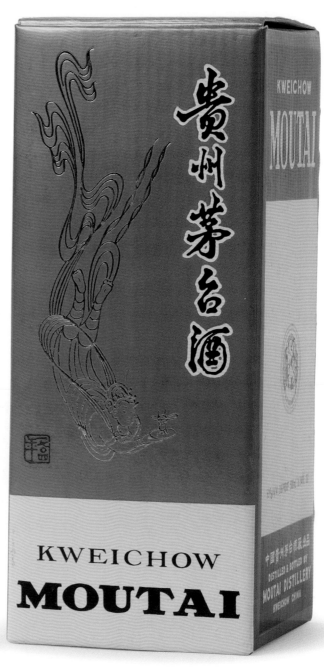

相关记事：

1997年，产量4468吨，售价320元。

1997年后，五星牌贵州茅台酒正标右下角度数更改为"53%(V/V)"。1月31日以后，背标原料加入"水"。

4月1日，"43%vol 1000ml"茅台酒首次上市。

8月，33%vol茅台酒在贵阳市通过省级鉴定，首次上市。

12月，茅台集团在北京人民大会堂新闻发布厅召开新闻发布会，引进美国3M公司防伪技术开始试用。

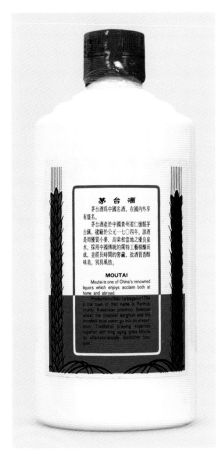

1997年飞天牌茅台酒（背标）

1997年五星牌茅台酒（正标）

1997年五星牌茅台酒（背标）

1997年贵州茅台酒（庆香港回归特制酒）

生产日期	1997年6月9日
产品规格	53％vol　500ml
拍卖信息	西泠印社2013年12月13日，Lot755
成交价格	RMB 575,000／12瓶
收藏指数	★★★☆☆☆

商品证书

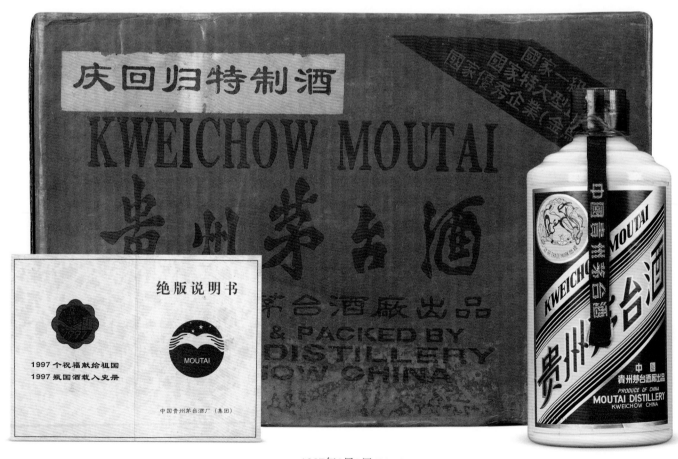

1997年6月9日/99-01

说明书（限量生产1997瓶）

相关记事：

1997年香港回归特制贵州茅台酒是生产特制茅台酒和纪念茅台酒的开始。

特征：

1997个祝福献给祖国，1997瓶国酒载入史册。此酒是1997年7月1日庆祝香港回归特制酒，限量生产1997瓶。外包装盒、酒瓶、酒标与当年普通包装茅台酒无一相同。酒盒、酒标、喷码、绝版说明书都印有独立编号，其中尤为珍贵的是，此酒背标和绝版说明书均有中国白酒界泰斗季克良先生的亲笔签名。

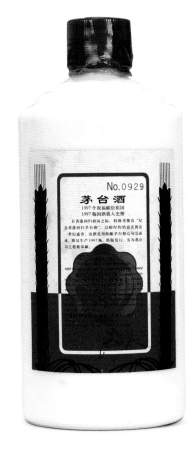

163

1998年贵州茅台酒

生产日期	1998年
产品规格	53％vol 500ml
拍卖信息	北京嘉德2011年3月20日，Lot6130
成交价格	RMB 40,250／6瓶
收藏指数	★★☆☆☆☆

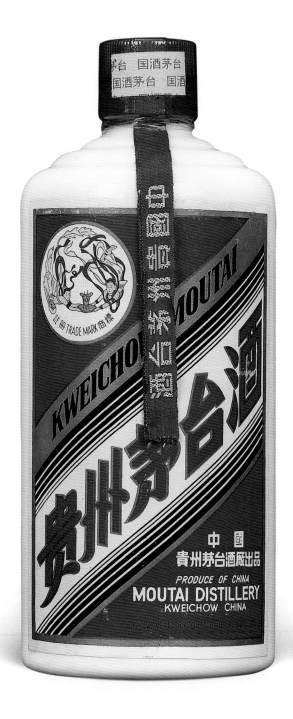

相关记事：

1998年，产量5072吨，售价300元。

2月，茅台集团公司召开首次董事会。

特征：

1998年1月1日起生产的茅台酒采用美国3M公司生产的白色防伪的标识（被称为白标茅台），使茅台酒的防伪提高到了一个新的高度。

国酒门—贵州省仁怀市盐津河大桥桥头

1999年贵州茅台酒

生产日期	1999年
产品规格	53％vol　500ml
拍卖信息	北京嘉德2011年3月20日，Lot6129
成交价格	RMB 40,250／6瓶
收藏指数	★★☆☆☆☆

相关记事：

　　1999年，产量5074吨，售价260元。

　　6月，茅台酒文化城被上海大世界吉尼斯评为"世界之最"，是世界上规模最大的酒文化博览馆。

　　12月，茅台集团在北京与中国绿色食品发展中心签订《绿色食品标志使用协议》，茅台酒获得标志使用许可证。贵州茅台酒是1999年昆明世界世博会唯一指定白酒产品，1999年10月和11月份有不带酒杯和带酒杯两种。

特征：

　　1999年4月26日，选用加拿大蓝色防伪标，被称为"蓝标"。防伪功能加上当时较为先进的镂空技术，保留了折光变色技术和隐性图案技术，此标使用到2000年6月份。1999年10月份以后，飞天牌和五星牌包装盒内开始内附两只印有厂徽的小酒杯的赠品，盒为白色。2000年开始，酒杯盒改为红色。

1999年起带有酒杯的茅台酒

1999年贵州茅台酒（澳门回归特制酒）

生产日期	1999年9月14日
产品规格	53％vol 500ml
拍卖信息	北京中投嘉艺2012年1月4日，Lot1588
成交价格	RMB 63,250
收藏指数	★★★★☆☆

相关记事：

　　1999个祝福献给祖国，1999瓶国酒载入史册。在澳门回归祖国之际，隆重推出"纪念澳门回归茅台酒"，以醇厚的情意庆祝这一世纪盛事。该酒是用陈酿茅台精心勾兑而成，限量生产1999瓶，绝版发行。

1999年9月14日/99-01　　　　　　　　　　　说明书（限量生产1999瓶）

1999年贵州茅台酒（国庆50周年盛典茅台纪念酒）

生产日期	1999年9月22日
产品规格	53％vol　500ml
拍卖信息	西泠印社2012年12月29日，Lot1710
成交价格	RMB 115,000／6瓶
收藏指数	★★☆☆☆☆

1999年国庆50周年盛世茅台纪念酒（磨砂瓶）

注：有99年9月24日/99-04、99年9月26日/99-04、99年10月12日/99-04

1999年贵州茅台酒（国庆50周年盛典50年茅台纪念酒）

生产日期	1999年9月3日
产品规格	53％vol　500ml
拍卖信息	西泠印社2012年12月29日，Lot1711
成交价格	RMB 115,000
收藏指数	★★★★☆☆

1999年国庆50周年盛典茅台纪念酒50年茅台（限量5000瓶）

注：有99年9月3日/99-01、9月7日/99-01、9月18日/99-01

相关记事:

　　1999年国庆50周年盛典50年茅台纪念酒，五十六个民族献五十年国酒，贺五十年国庆，限量生产5000瓶。

2000年贵州茅台酒

生产日期	2000年
产品规格	53％vol　1000ml　500ml
拍卖信息	
成交价格	
收藏指数	★★☆☆☆☆

2000年4月10日1000ml

2000年3月4日500ml

1996～1997年	1998年8月16日	1998～1999年	1999～2000年	2000～2003年

相关记事:

2000年, 产量5379吨, 售价185元、220元。

5月, 经贵州省工商行政管理局重新核准注册登记, 企业名称更名为"中国贵州茅台酒厂有限责任公司"。

2000年5月18日后, 茅台酒商标曾一度使用"中国贵州茅台酒厂有限责任公司"的名称, 使用时间较短。

53%vol茅台酒标准代号: 1990年4月黔Q11-84, 1992年6月飞天牌Q/M JJ2.1, 2000年11月Q/MTJ02.25-2000, 2001年12月1日GB 18356-2001, 2006年GB 18356, 2008年11月GB/T 18356。

2000年2月14日, 茅台酒包装启用上海天臣防伪标识。该标具有隐性图案、镂空技术、动感秘纹、水印反射四种防伪功能, 此标中间印有厂徽, 且印有"国酒茅台"字样, 在紫光灯照射下有"作废"字样。

3月25日, 在茅台酒外销375毫升的品种包装上首次使用绿色食品标志, 其他规格品种不久也先后启用。

4月, 茅台酒厂还推出了1000毫升53%vol飞天牌茅台酒。

2000～2001年部分规格12瓶375ml／48瓶50ml包装箱(彩箱)
2000年11月02日375ml, 2000年11月20日50ml, 2001年6月15日375ml铁盖(贵州茅台股份有限公司出品)

2000年贵州茅台酒

生产日期	2000年
产品规格	53％vol　500ml
拍卖信息	北京嘉德2011年3月20日，Lot6125
成交价格	RMB 57,500／3瓶
收藏指数	★★★☆☆☆

2000年6月7日五星牌茅台酒（贴纸商标）

2000年6月14日五星牌茅台酒（不干胶商标）

相关记事:

　　2000年6月13日, 茅台酒包装首次在五星牌500毫升酒上使用不干胶商标。8月9日飞天牌开始使用不干胶商标。

2000年8月9日飞天牌茅台酒 (贴纸商标)

2000年8月9日飞天牌茅台酒 (不干胶商标)

2000年贵州茅台酒（新世纪珍藏品）

生产日期	2000年5月31日
产品规格	53％vol　500ml
拍卖信息	北京嘉德2011年3月20日，Lot6125
成交价格	RMB 57,500／3瓶
收藏指数	★★★☆☆☆

注：有1999年11月19日/99-01、1999年11月22日/99-01、2000年5月31日/2000-01

2000年贵州茅台酒（千年吉祥珍品）

生产日期	2000年
产品规格	53%vol　500ml
拍卖信息	北京嘉德2011年3月20日，Lot6125
成交价格	RMB 57,500／3瓶
收藏指数	★★★☆☆☆☆

2000年11月20日/2000-06、2000年12月26日/2000-10
2001年9月10日/2001-15、2002年1月9日/2001-16

第五章

2001～2006年

蓄势上市
深耕市场高速拓展

2001年贵州茅台酒（申奥、出线、入世）

生产日期	2001年7月13日/10月7日/12月11日
产品规格	53％vol　500ml
拍卖信息	
成交价格	
收藏指数	★★★☆☆☆

相关记事：

"我们赢了"限量生产30000瓶。

"我们出线了"限量生产20000瓶。

"我们入世了"限量生产10000瓶。

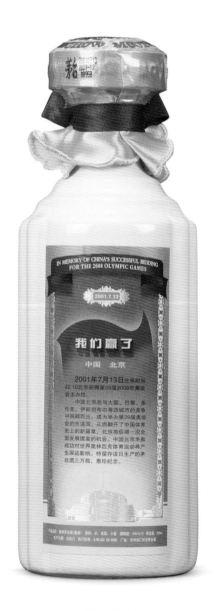
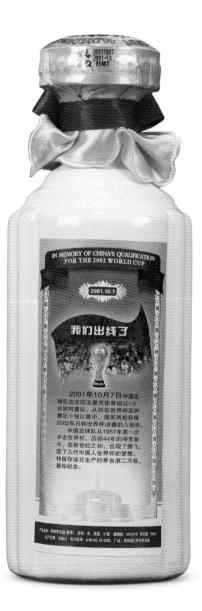
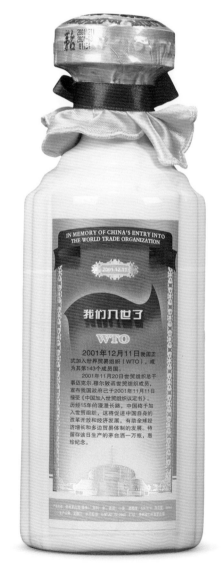

申奥成功了
注：有2001年7月13日/2001-13

中国足球出线了
注：有2001年10月7日/2001-13

我们入世了
注：有2001年12月11日/2001-13

2001年50年陈年贵州茅台酒
（国际金奖八十六周年、辉煌五十年纪念）

生产日期	2001年11月23日/24日
产品规格	53％vol　500ml
拍卖信息	
成交价格	
收藏指数	★★★★★☆☆

50年陈年贵州茅台酒（国际金奖八十六周年、辉煌五十年纪念）
注：有2001年11月23日/2001-01、2001年11月24日/2001-01

2002年贵州茅台酒（世纪经典）

生产日期	2002年7月12日
产品规格	53%vol　500ml
拍卖信息	北京嘉德2011年3月20日，Lot6125
成交价格	RMB 57,500／3瓶
收藏指数	★★★☆☆☆☆

注：有2002年4月29日/2002-01、5月21日/2002-01

2003年贵州茅台酒（纪念突破万吨）

生产日期 | 2003年11月
产品规格 | 53％vol 500ml
拍卖信息 |
成交价格 |
收藏指数 | ★★★★☆☆

相关记事：

    1958年，毛泽东主席在成都召开的中央会议期间提出"茅台酒要搞它一万吨，要保证质量"。此后，在周恩来总理及历届党和国家领导人的亲切关怀下，在历届贵州省委、省政府的正确领导下，在全国人民的关心支持下，国酒人经过45年的努力，于2003年实现了领袖夙愿。为此特制此酒，以志纪念。限量生产10000瓶。

2003年11月

2001年贵州茅台酒

生产日期 | 2001年
产品规格 | 53％vol　500ml
拍卖信息 | 北京保利2013年春 Lot5363
成交价格 | RMB　161,000／30瓶
收藏指数 | ★☆☆☆☆☆☆

相关记事：

2001年，产量7317吨，售价260元。

7月31日，贵州茅台股票在上海证券交易所成功发行，募集资金20亿元。

8月，贵州茅台酒出厂价上调18％。

2002年贵州茅台酒

生产日期 | 2002年
产品规格 | 53％vol　500ml
拍卖信息 | 北京保利2013年春 Lot5363
成交价格 | RMB　161,000／30瓶
收藏指数 | ★☆☆☆☆☆☆

相关记事：

2002年，产量8640吨，售价280元。

3月24日，贵州省白酒工业协会成立，季克良当选为理事长。

9月24日，北京第一家国酒茅台专卖店正式设立，位于北京市西单北大街。

12月21日，原产地域保护标识首次使用。

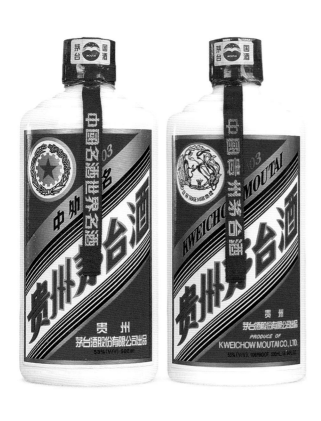

2003年贵州茅台酒

生产日期	2003年
产品规格	53％vol　500ml
拍卖信息	北京保利2014年春 Lot15013
成交价格	RMB 20,700／6瓶
收藏指数	★☆☆☆☆☆☆

相关记事：

2003年，产量9757吨，售价320元。

10月，贵州茅台酒出厂价上调23％。

12月，茅台集团公司召开茅台酒产量上万吨暨获全国质量管理奖庆祝大会。

2004年贵州茅台酒

生产日期	2004年
产品规格	53％vol　500ml
拍卖信息	广州华艺2014年秋 Lot3252
成交价格	RMB 40,250／6瓶
收藏指数	★☆☆☆☆☆☆

相关记事：

2004年，产量11522.05吨，售价350元。

4月，香港首家"国酒茅台专卖店"开业。

5月，在瑞士巴塞尔举行的"2003世界之星"包装设计颁奖大会上获"世界之星"包装奖。

5月21日，有机食品标识首次使用。

2005年贵州茅台酒

生产日期	2005年
产品规格	53％vol　500ml
拍卖信息	北京保利2014年秋 Lot13063
成交价格	RMB 69,000／30瓶
收藏指数	★☆☆☆☆☆

相关记事：

2005年，产量12500吨，售价350元。

4月，启用外箱喷码。

8月，采用"纯粮固态发酵白酒"标志。

2006年贵州茅台酒

生产日期	2006年
产品规格	53％vol　500ml
拍卖信息	北京保利2014年秋 Lot13063
成交价格	RMB 69,000／30瓶
收藏指数	★☆☆☆☆☆

相关记事：

2006年，产量13839吨，售价400元。

2月，贵州茅台酒出厂价上调15%。

4月，"1680茅台酒"获"世界之星"最高奖。

5月，入选国家级首批"非物质文化遗产代表作"名录。

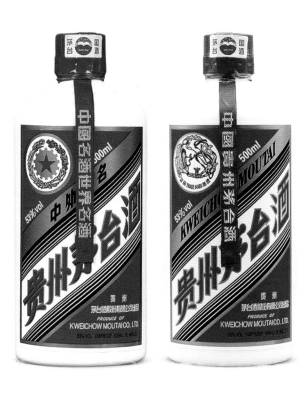

2007年贵州茅台酒

相关记事：

2007年，产量16865吨，售价500元。

4月，茅台酒股份有限公司通过"C"标志认证，即"定量包装商品计量保证能力合格标志"认证。

3月贵州茅台酒出厂价上调16%。

2008年贵州茅台酒

相关记事：

2008年，产量20431吨，售价650元。

1月，贵州茅台酒出厂价上调22%。

3月，国家工商行政管理总局发布"商标局2008年在商标异议案件中认定的33件驰名商标"的公告，贵州茅台集团企业徽标被认定为"中国驰名商标"。

8月，茅台酒股份有限公司通过2008年度有机食品认证。

2009年贵州茅台酒

相关记事：

　　2009年，产量23000吨，售价750元。

　　1月，贵州茅台酒出厂价上调13%。

　　5月，中国贵州茅台酒厂有限责任公司与上海世博会事务协调局签署协议，茅台集团正式成为中国2010年上海世博白酒行业高级赞助商，茅台酒成为上海世博会唯一指定白酒。

　　2009年2月24日，启用新防伪红色胶帽，并且将瓶盖顶上的圆形物流码标改为长方形贴在背标顶部。

2010年贵州茅台酒

相关记事：

　　2010年，产量26000吨，售价900～2300元。

　　4月，茅台酒作为上海世博会特许产品、唯一指定纪念版白酒推荐暨新闻发布会在上海举行。会上推出4个系列、共81款世博会茅台纪念酒。

2011年贵州茅台酒

相关记事：

2011年，产量：30026吨，售价1880元。

1月，贵州茅台酒出厂价上调10%。

国酒茅台再次荣获"全国质量奖"。

2012年贵州茅台酒

相关记事：

2012年，产量33000吨，售价1980元。

1月，贵州茅台酒出厂价上调33%。

2013年贵州茅台酒

相关记事：

2013年，产量38452吨，售价1380元。

在第三届中国（贵州）国际酒类博览会项目集中签约活动中，贵州茅台酒股份有限公司与大文行酒业有限公司签订经销合同，金额达8000余万欧元。

国酒茅台采用世界先进的射频识别（RFID）技术。

茅台荣登福布斯2013年全球创新企业百强榜，入围"亚洲十大最具创新力企业"。

2014年贵州茅台酒

相关记事：

2014年，产量38700吨，售价1119元。

茅台酒荣获旧金山世界烈酒大赛年度最佳酒及双金特奖。

2015年贵州茅台酒

相关记事:

　　2015年，产量38700吨，售价989元。

　　贵州茅台酒股份有限公司荣膺2015年最受投资者尊重的上市公司。

2016年贵州茅台酒

相关记事:

　　2016年，产量约40000吨，售价1019元。

2017年贵州茅台酒

相关记事:

　　2017年，产量约42700吨，售价1399元。

2018年贵州茅台酒

相关记事：

2018 年，产量约 49700 吨，专卖店售价 1499 元。

2019年贵州茅台酒

相关记事：

2019 年，产量约 49900 吨，专卖店售价 1499 元。

2020年贵州茅台酒

相关记事：

2020 年，产量约 50235 吨，专卖店售价 1499 元。

1993.6

贵州画报

第六章
2007年至今

厚积薄发
领航中国白酒

1966～1967年飞天牌贵州茅台酒（陈年）

生产日期	1966～1967年
产品规格	约54％vol　500g
拍卖信息	上海荣宝斋2011年11月25日，Lot1161
成交价格	RMB 287,500
收藏指数	★★★★☆☆

60年代飞天商标

"陈年茅台酒"

相关记事：

  此种飞天牌贵州茅台酒诞生经历十分复杂。"文革"前期，茅台酒厂生产出一批出口型的"飞天"茅台酒。"文革"开始后，启用红色革命气息的"葵花"商标代替"飞天"出口海外。当时生产出来的"飞天牌"茅台酒全部封存，直到20世纪70年代，这批酒又被重新包装后售出。

特征：

  此图所展示的飞天牌陈年茅台酒，其酒瓶正标右上角加贴"陈年茅台酒"标签，并附印有"陈年"二字的彩色包装盒，其余特征与1966年前后的茅台酒基本相同。包装盒上印有"陈年"二字，酒瓶上贴有"陈年茅台酒"标识。白瓷瓶体，莹润如玉，棉纸包装，棉纸外印有"中國貴州茅台酒"，封盖有塑盖软木塞（右图）和螺旋塑盖（左图）两种。

500g装

197

1986年贵州茅台酒（英文T开头珍品陈年）

生产日期	1986年
产品规格	53％vol　500ml
拍卖信息	
成交价格	
收藏指数	★★★★☆☆

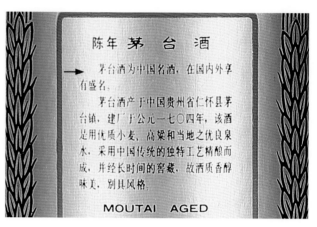

1985～1997年陈年背标"陈年茅台酒"

1986年贵州茅台酒（2个酒杯英文T开头珍品陈年塑盖500ml）

198

特征：

此图所展示的茅台酒盒上标有"珍品"二字，正标印有"陈年"二字，酒标上方写有中英文"陈年"（AGED）。此酒为塑盖红色封膜，瓶体较大，包装盒为金色基调，并印有"珍品贵州茅台酒"。

珍品陈年最早期有标为500毫升但瓶的容量为540毫升的产品，后来分为珍品和陈年两个系列。珍品系列一直用内销的高端茅台酒。陈年系列开始用外销，1997年改为年份陈年茅台酒，1997年7月22日推出30年茅台酒、50年陈年茅台酒。陈年珍品附赠三只陶瓷酒盏，且有凸起感，酒标及包装盒制造非常精美，深褐色杯子的茅台酒生产时间比较早。

1986年贵州茅台酒（3个酒杯陈年塑盖540ml）

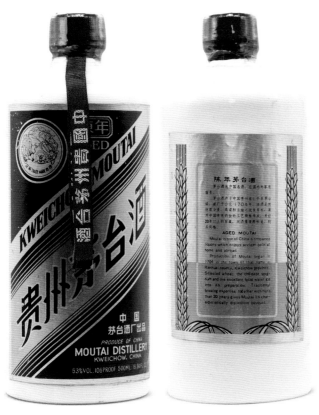

1986年贵州茅台酒（3个酒杯陈年塑盖540ml）

1986年简装铁盖珍品陈年（摘自上海人民印刷八厂敬贺，
纪念茅台酒荣获"巴拿马"金奖70周年，1987年挂历）

1987～1996年贵州茅台酒（陈年）

生产日期	1987～1996年
产品规格	53％vol　500ml
拍卖信息	
成交价格	
收藏指数	★★★☆☆☆

1997年贵州茅台酒（陈年）

生产日期	1997年
产品规格	53％vol　500ml
拍卖信息	西泠印社第三届陈年名酒专场
成交价格	RMB 166,750／6瓶
收藏指数	★★★★☆☆☆

特征：

　　此种外包装盒上烫有"陈年贵州茅台酒"，最晚使用至1997年。此图所展示的是茅台酒厂推出的豪华型珍品茅台酒，具有高雅华贵，古色古香的格调，深受好评。

注：有1997年5月30日/97-01

15年陈年贵州茅台酒

生产日期	1999年
产品规格	53％vol　500ml
拍卖信息	北京保利2011年6月4日，Lot4415
成交价格	RMB 80,500／6瓶
收藏指数	★★☆☆☆☆☆

注: 有1999年3月6日/99-01、4月5日/99-01、5月28日/99-03、5月29日/99-03

1999年15年陈年茅台酒（白标）

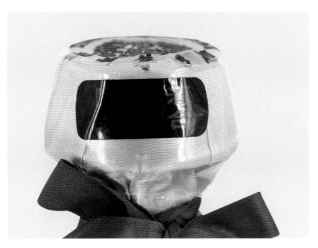

1999～2000年15年陈年茅台酒（蓝标）

1999年3月16日，15年陈年茅台酒（白标）。

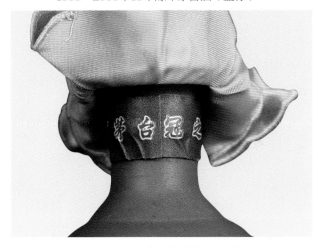

1999年5月29日，15年陈年茅台酒（白标）。

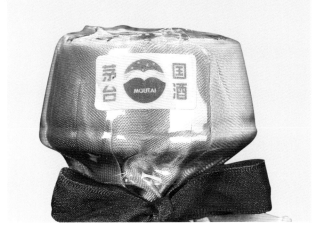

15年陈年茅台酒

15年陈年茅台酒

相关记事：

据《茅台酒厂志》记载，1999年1月，首次包装15年陈年茅台酒。

2005年12月，在瓶口开启处试用加防伪扣环。2006年10月26日，在瓶口开启处正式使用防伪扣环。

标准代号：1999年1月Q/MTJ 02.16，2000年Q/MTJ 02.16-2000，2001年GB 18356-2001，2006年GB/T 18356。

特征：

15年陈年贵州茅台酒的基酒酒龄不低于15年，按照15年陈年贵州茅台酒标准精心勾兑而成，未添加任何香气。具有酱香突出、幽雅细腻，酒体圆润醇厚、回味悠长，老熟芳香舒适显著，空杯留香持久的酒体风格。

15年陈年贵州茅台酒

1999年15年陈年茅台酒

2000年15年陈年茅台酒

2001年15年陈年茅台酒

2002年15年陈年茅台酒

2003年15年陈年茅台酒

2004年15年陈年茅台酒

15年陈年贵州茅台酒

2005年15年陈年茅台酒
注：2005年12月1日开始加防伪箍

2006年15年陈年茅台酒

2007～2009年15年陈年茅台酒
注：2009年起，15年年份酒陆续更新瓶口卡扣改为黑色塑料圆形卡扣。

2010～2016年15年陈年茅台酒
注：2011年11月起，15年年份酒再次更新瓶口卡扣。

2017～2020年15年陈年茅台酒

2021年15年陈年茅台酒

30年陈年贵州茅台酒

生产日期	1997年
产品规格	53％vol　500ml
拍卖信息	西泠印社2012年7月7日，Lot3253
成交价格	RMB 92,000／6瓶
收藏指数	★★☆☆☆☆

注：1997年7月22日/97-01

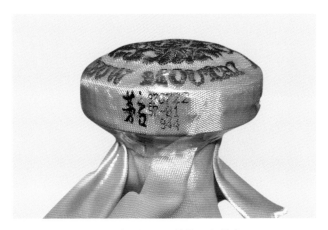

1997年7月22日首批30年陈年

1998年30年陈年茅台酒（白标）

1999年30年陈年茅台酒（蓝标）

30年陈年茅台酒（厂徽标）

1997～2001年瓶底"中国宜兴"

2000年30年陈年茅台中的酒爵沿用至今

相关记事：

1997年7月22日，首次包装30年、50年陈年茅台酒。

贵州茅台酒是1999年5月1日昆明世界园艺博览会唯一指定白酒产品。

标准代号：1997年7月22日Q/MTJ 02.13-1997、Q/MTJ 02.13，2000年Q/MTJ 02.26-2000，2001年GB 18356-2001，2006年GB/T 18356。2006年10月26日，在瓶口开启处加防伪扣环。

特征：

30年陈年贵州茅台酒的基酒酒龄不低于15年，按照30年陈年贵州茅台酒标准精心勾兑而成，未添加任何香气。具有酱香突出、幽雅细腻，酒体圆润醇厚、回味悠长，老熟芳香舒适显著，空杯留香持久的酒体风格。

30年陈年贵州茅台酒

1997年30年陈年茅台酒

1998年30年陈年茅台酒

1999年30年陈年茅台酒

2000年30年陈年茅台酒

2001年30年陈年茅台酒

2002年30年陈年茅台酒

30年陈年贵州茅台酒

2003年30年陈年茅台酒

2004年30年陈年茅台酒

2005～2009年30年陈年茅台酒
注：2006年10月26日开始加防伪箍。
注：2009年起，30年年份酒陆续更新瓶口卡扣改为黑色塑料圆形卡扣。

2010～2013年30年陈年茅台酒
注：2011年11月起，30年年份酒再次更新瓶口卡扣。

2014～2020年30年陈年茅台酒

2021年30年陈年茅台酒

50年陈年贵州茅台酒

生产日期	1997年
产品规格	53%vol　500ml
拍卖信息	北京保利2011年6月4日，Lot4416
成交价格	RMB 253,000／6瓶
收藏指数	★★☆☆☆☆☆

名　　称：50年贵州茅台酒(酱香)
原　　料：水、高粱、小麦
酒精度：53%(V/V)
净含量：500ml
生产日期：见瓶口
标准代号：Q/MTJ02.14-1997
厂　　址：贵州省仁怀市茅台镇

注：1997年7月22日/97-01

1997年7月22日首批50年陈年茅台酒　　　　1998年50年陈年茅台酒（白标）

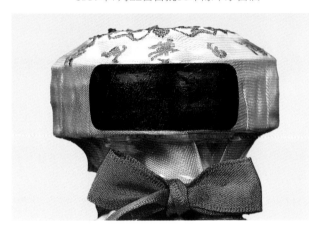

1999年50年贵州茅台酒（蓝标）　　　　2000年50年陈年茅台酒（厂徽标）

"编号" 1997～1999年 "中国宜兴" 1997～2001年　　　　2000年50年陈年茅台中的酒樽，沿用至今。

相关记事：

1997年7月22日，首次包装30年、50年陈年茅台酒。

贵州茅台酒是1999年5月1日昆明世界园艺博览会唯一指定白酒产品。

标准代号：1997年7月22日Q/MTJ 02.14-1997、Q/MTJ 02.14，2000年Q/MTJ 02.26-2000，2001年GB 18356-2001，2006年GB 18356、GB/T 18356。2006年10月26日，在瓶口开启处加防伪扣环。

特征：

50年陈年贵州茅台酒的基酒酒龄不低于15年，按照50年陈年贵州茅台酒标准精心勾兑而成，未添加任何香气。具有酱香突出、幽雅细腻，酒体圆润醇厚、回味悠长，老熟芳香舒适显著，空杯留香持久的酒体风格。

2007年没有生产过50年贵州茅台酒。

50年陈年贵州茅台酒

1997年7月22日首批50年陈年茅台酒

1999年50年陈年茅台酒

2000年50年陈年茅台酒

2001年50年陈年茅台酒

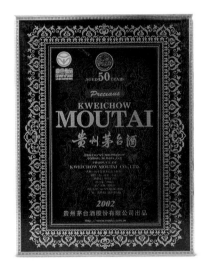

2002年50年陈年茅台酒

2003年50年陈年茅台酒

50年陈年贵州茅台酒

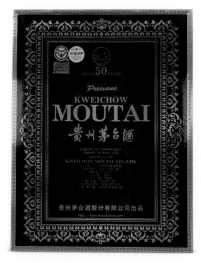

2004～2008年50年陈年茅台酒
注：2006年10月26日开始加防伪箍，2007年没有生产过50年陈年茅台酒

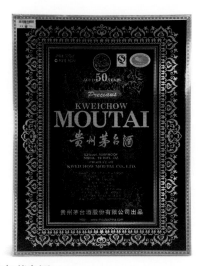

2009年50年陈年茅台酒
注：2009年起，50年年份酒陆续更新瓶口卡扣改为黑色塑料圆形卡扣。

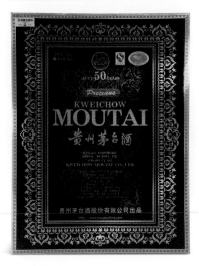

2010～2016年50年陈年茅台酒
注：2011年11月起，50年年份酒再次更新瓶口卡扣。

2017～2018年50年陈年茅台酒

2019～2020年50年陈年茅台酒

2021年50年陈年茅台酒

80年陈年贵州茅台酒

生产日期	1998年9月17日
产品规格	52%vol 53%vol 500ml
拍卖信息	西泠印社2012年12月29日，Lot1631
成交价格	RMB 264,500
收藏指数	★★★☆☆☆☆☆

注：1998年9月17日/98-01

相关记事：

1998年，首次包装80年陈年茅台酒。

1998～1999年生产的80年陈年贵州茅台酒，瓶底有4位数字的编号。

标准代号：1998年Q/MJJ 2.1，2001年GB 18356-2001，2006年GB 18356、GB/T 18356。

2006年10月26日，在瓶口开启处加防伪扣环。

80年陈年贵州茅台酒的基酒酒龄不低于15年，按照80年陈年贵州茅台酒标准精心勾兑而成，未添加任何香气。每年限量生产，每瓶均有编号及证书，是国酒之尊。具有酱香突出、幽雅细腻，酒体圆润醇厚、回味悠长，老熟芳香舒适显著，空杯留香持久的酒体风格。

收藏证书内容如下：

八十年陈年茅台酒，采用一九一五年巴拿马万国博览会时珍藏的老茅台酒精心勾兑而成，为中华民族酒文化之稀世珍宝，集酱香、窖香、醇甜于一体，具有酱香突出、幽雅细腻、酒体醇厚、回味悠长、空杯留香持久的独特风格。包装古典雅致、华丽，内包装木盒用楠木，由中国浙江东阳木雕厂精工雕刻。陶瓶用中国宜兴紫砂陶烧制，配饰一枚24K纯金巴拿马金奖牌，重半盎司，由上海造币厂制造，是荣誉和财富的象征，亦是欣赏收藏之珍品。

收藏证书

收藏证书（内文）

80年陈年贵州茅台酒(2002年)

收藏证书内容如下：

八十年陈年茅台酒，采用一九一五年巴拿马万国博览会时珍藏的老茅台酒精心勾兑而成，为中华民族酒文化之稀世珍宝，集酱香、窖香、醇甜于一体，具有酱香突出、幽雅细腻、酒体醇厚、回味悠长、空杯留香持久的独特风格。包装古典雅致、华丽，内包装木盒用楠木，由中国浙江东阳木雕厂精工雕刻。陶瓶用中国宜兴紫砂陶烧制，配饰一枚24K纯金巴拿马金奖牌，重半盎司，由上海造币厂制造，是荣誉和财富的象征，亦是欣赏收藏之珍品。

收藏证书（内文）

2002年9月26日/2002-01

80年陈年贵州茅台酒(2005年)

收藏证书内容如下：

　　八十年陈年茅台酒，采用一九一五年巴拿马万国博览会时珍藏的老茅台酒精心勾兑而成，为中华民族酒文化之稀世珍宝，集酱香、窖香、醇甜于一体，具有酱香突出、幽雅细腻、酒体醇厚、回味悠长、空杯留香持久的独特风格。包装古典雅致、华丽，内包装木盒用楠木，由中国浙江东阳木雕厂精工雕刻。陶瓶用中国宜兴紫砂陶烧制，配饰一枚24K纯金巴拿马金奖牌，重半盎司，由上海造币厂制造，是荣誉和财富的象征，亦是欣赏收藏之珍品。

收藏证书（内文）

2005年12月23日/2002-01

223

80年陈年贵州茅台酒(2010年)

收藏证书内容如下：

　　八十年陈年茅台酒，采用一九一五年巴拿马万国博览会时珍藏的老茅台酒精心勾兑而成，为中华民族酒文化之稀世珍宝，集酱香、窖香、醇甜于一体，具有酱香突出、幽雅细腻、酒体醇厚、回味悠长、空杯留香持久的独特风格。包装古典雅致、华丽，内包装木盒用楠木，由中国浙江东阳木雕厂精工雕刻。陶瓶用中国宜兴紫砂陶烧制，配饰一枚24K纯金巴拿马金奖牌，重半盎司，由上海造币厂制造，是荣誉和财富的象征，亦是欣赏收藏之珍品。

收藏证书（内文）

2010年6月9日/2002-01

80年陈年贵州茅台酒(2013年）

相关记事：

1998年，首次包装80年陈年茅台酒。

1998～1999年生产的80年陈年贵州茅台酒，瓶底有4位数字的编号。

标准代号：1998年Q/MJJ 2.1，2001年GB 18356-2001，2006年GB 18356、GB/T 18356。

2006年10月26日，在瓶口开启处加防伪扣环。

80年陈年贵州茅台酒的基酒酒龄不低于15年，按照80年陈年贵州茅台酒标准精心勾兑而成，未添加任何香气。每年限量生产，每瓶均有编号及证书，是国酒之尊。具有酱香突出、幽雅细腻，酒体圆润醇厚、回味悠长，老熟芳香舒适显著，空杯留香持久的酒体风格。

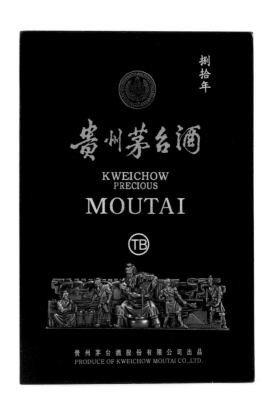

2013年5月28日/2011-001

80年陈年贵州茅台酒(2014年)

收藏证书内容如下：

　　八十年陈年茅台酒，采用一九一五年巴拿马万国博览会时珍藏的老茅台酒精心勾兑而成，为中华民族酒文化之稀世珍宝，集酱香、窖香、醇甜于一体，具有酱香突出、幽雅细腻、酒体醇厚、回味悠长、空杯留香持久的独特风格。包装古典雅致、华丽，内包装木盒用楠木，由中国浙江东阳木雕厂精工雕刻。陶瓶用中国宜兴紫砂陶烧制，配饰一枚24K纯金巴拿马金奖牌，重半盎司，由上海造币厂制造，是荣誉和财富的象征，亦是欣赏收藏之珍品。

收藏证书（内有金币及证书）

收藏证书（内文）

2014年1月8日/2011—001

80年陈年贵州茅台酒(2018年)

收藏证书内容如下：

　　八十年陈年茅台酒，采用一九一五年巴拿马万国博览会时珍藏的老茅台酒精心勾兑而成，为中华民族酒文化之稀世珍宝，集酱香、窖香、醇甜于一体，具有酱香突出、幽雅细腻、酒体醇厚、回味悠长、空杯留香持久的独特风格。

　　包装古典雅致、华丽，内包装木盒用楠木，由中国浙江东阳木雕厂精工雕刻。陶瓶用中国宜兴紫砂陶烧制，配饰一枚24K纯金巴拿马金奖牌，重半盎司，由上海造币厂制造，是荣誉和财富的象征，亦是欣赏收藏之珍品。

收藏证书（内有金币及证书）

收藏证书（内文）

2018年10月18日/2016-001

80年陈年贵州茅台酒(2020年)

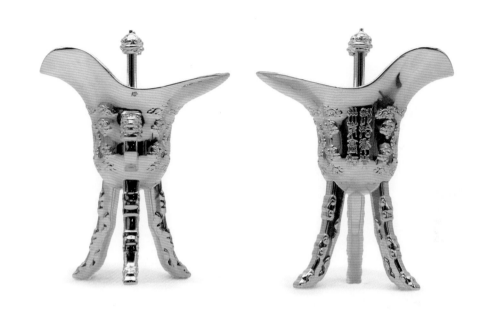

2020年9月24日/2016-001

收藏证书内容如下：

八十年陈年茅台酒，采用一九一五年巴拿马万国博览会时珍藏的老茅台酒精心勾兑而成，为中华民族酒文化之稀世珍宝，集酱香、窖香、醇甜于一体，具有酱香突出、幽雅细腻、酒体醇厚、回味悠长、空杯留香持久的独特风格。

包装古典雅致、华丽，内包装木盒用楠木，由中国浙江东阳木雕厂精工雕刻。陶瓶用中国宜兴紫砂陶烧制，配饰一枚24K纯金巴拿马金奖牌，重半盎司，由上海造币厂制造，是荣誉和财富的象征，亦是欣赏收藏之珍品。

收藏证书（内文）

1986～1987年贵州茅台酒（1704珍品）

生产日期	1986～1987年
产品规格	53％vol　500ml
拍卖信息	西泠印社第三届陈年名酒专场 2011年10月30日，Lot 82
成交价格	RMB 50,600／2瓶
收藏指数	★★★★☆☆☆

此酒顶部

瓶身正标左下的
"一七〇四年"字样

包装盒上的"中国贵州茅
台酒厂出品"字样

1986年6月，获第十三届亚洲包装评奖
大会"亚洲之星"包装奖。

特征：

据《茅台酒厂志》考证，最早的茅台镇烧房"偈盛烧房"始于1704年，被作为茅台酒的历史源头。1986年，茅台酒厂开始生产的珍品茅台酒以"1704"作为重要标识。

20世纪80年代的珍品茅台酒按其标记，可以分为"1704""陈年""方印压陈年""方印""大曲印""曲印"6种。其中"1704"的酒质是珍品系列中最好的，具有很高的收藏价值。金属螺旋盖，系红色飘带，外套红色封膜，其"飞天"商标与普通"飞天"商标不同，"一七〇四年"落款于酒标的左下方。平开式包装盒，内衬深红色绒布，内有酒爵和"金桂奖"标签。

1986年，酒厂推出豪华型珍品茅台酒，新型包装内配有昆明斑铜厂生产的斑铜酒爵，具有高雅、华贵、古色古香的格调，深受国际好评，并获第十三届亚洲包装评比大会"亚洲之星"包装奖。

1994年简体包装盒的珍品茅台酒500ml

1987年贵州茅台酒（英文T字头方印珍品）

生产日期	1987年
产品规格	53％vol 500ml 200ml 125ml 50ml
拍卖信息	
成交价格	
收藏指数	★★★★★☆

500ML 200ML 200ML 125ML

T头方印   T头方印证书

相关记事：

　　1986年，酒厂推出豪华型珍品茅台酒，新型包装内配有昆明斑铜厂生产的斑铜酒爵，具有高雅、华贵、古色古香的格调，深受国际市场好评，并获第十三届亚洲包装评比大会"亚洲之星"包装奖。

500ML（英文T开头）　　　　　200ML（英文T开头）　　　　　50ML（英文T开头）

1987年贵州茅台酒（英文T字头方印珍品）

生产日期	1987年
产品规格	53％vol 50ml
拍卖信息	
成交价格	
收藏指数	★★★★★

T字头方印50ML

P字头方印50ML

贵州茅台酒荣获"巴拿马"金奖70周年、"金桂奖"1周年、"亚洲之星"包装奖纪念会请柬

1987年贵州茅台酒（陈年珍品）

生产日期	1987年
产品规格	53％vol　500ml
拍卖信息	西泠印社第三届陈年名酒专场2011年10月30日Lot81
成交价格	RMB 23,000／2瓶
收藏指数	★★★★☆☆☆

AGED

酒瓶正标上的"陈年"

纸盒上的"陈年"

特征：

    此图所展示的是1987年"陈年"珍品茅台酒，俗称"陈年珍品"。酒标的左下角、酒盒中部印有"陈年"篆体印章，厂名落款、飞天标、背标、外盒等与"1704"略有不同。此酒具有较高的收藏价值。

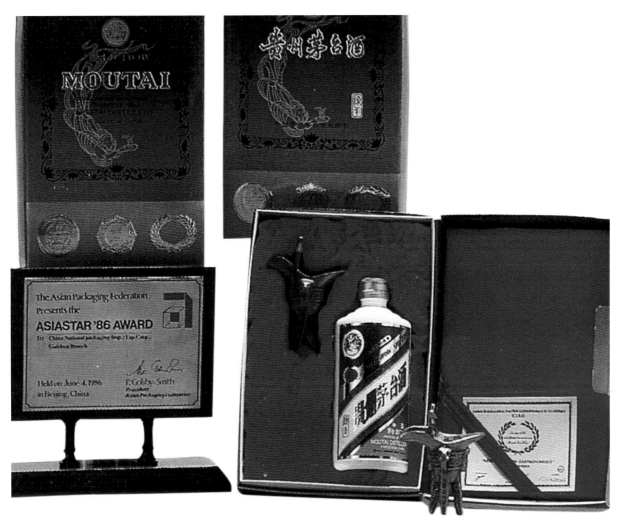

金盖陈年（摘自1989年贵州美术出版社出版的《中国茅台酒》）

1987年贵州茅台酒（方印压陈年珍品）

生产日期	1987年
产品规格	53％vol　500ml
拍卖信息	北京瀚海2014年10月25日，Lot2301
成交价格	RMB 105,800／6瓶
收藏指数	★★★★☆☆☆

瓶身上的"珍品"字样

包装盒上珍品字样

珍品标签下的字样

特征：

　　酒标上部金色斜印"AGED"字样，右下方贴有"珍品"二字。飞天商标有变化，"金桂奖"奖签为浅灰色。由于当时的陈年酒标没有用完，茅台酒厂为了节约在酒标正面和酒盒上加贴"珍品"小纸片继续使用。酒标上印有"中国　茅台酒厂出品"，分两行书写，"中国"二字在第一行。

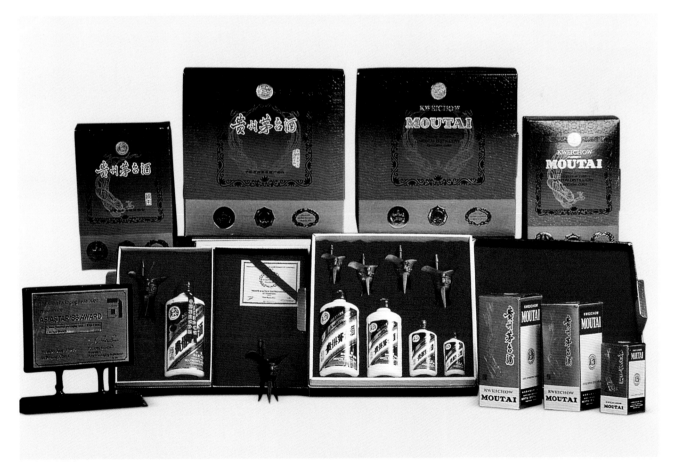

1990年茅台酒厂志

1987～1989年贵州茅台酒（方印珍品）

生产日期	1987～1989年
产品规格	53％vol 500ml
拍卖信息	西泠印社第三届陈年名酒专场2011年10月30日，Lot81
成交价格	RMB 23,000／2瓶
收藏指数	★★☆☆☆☆

特征：

　　此图所展示的茅台酒正标左下角于包装盒上印有长方形框"珍品"二字，因此被称为"方印"。"方印压陈年茅台"逐渐被"方印珍品"取代，二者最大的区别是"方印压陈年"酒标的右侧为金字斜印"AGED"，而"方印珍品"酒标的左侧为金字斜印"PRECIOUS"。酒标上印有"中国贵州茅台酒厂出品"，分两行书写，其中第一行"中国贵州"比"方印压陈年"多"贵州"二字。"方印压陈年"外包装盒中部印有"中國貴州茅台酒廠釀製"，而"方印珍品"则印"中國貴州茅台酒廠出品"。

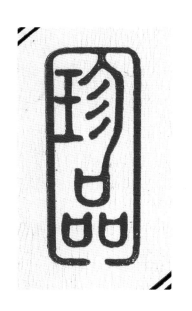

500ml（英文P开头）　　　　　200ml（英文P开头）　　　　　50ml（英文P开头）

1989～1990年贵州茅台酒（曲印珍品）

生产日期 | 1989～1990年
产品规格 | 53％vol　500ml
拍卖信息 |
成交价格 |
收藏指数 | ★★★☆☆☆

特征：

上图所示为1986～2015年珍品茅台酒的六代"飞天"注册商标。其中飞仙面部表情，酒爵、酒爵光芒、彩带等均有变化（如下图黑色箭头所指示）。

一代："一七〇四"上的飞天商标

二代："方印"上的飞天商标

三代："500ML"上的飞天商标

四代："大曲印"上的飞天商标

五代："1990～2004年"上的飞天商标

六代："2004～2015年"上的飞天商标

"一七〇四"瓶身正标左下角的落款

"陈年"瓶身正标左下角的落款

"方印压陈年"瓶身正标左下角的落款

"方印珍品"瓶身正标左下角的落款

英文T开头"方印珍品"

"大曲印"瓶身正标左下角的曲线形落款

"曲印"瓶身正标左下角的曲线形落款

1990～1991年贵州茅台酒（大曲印珍品）

生产日期	1990～1991年
产品规格	53％vol　500ml
拍卖信息	北京保利2011年6月4日，Lot4414
成交价格	RMB 138,000／12瓶
收藏指数	★★★☆☆☆☆

特征：

　　1990年前后，外盒与正标的长方形"珍品"印章被更加富有变化的弯曲性"珍品"印章替代，人们习惯称之为"大曲印珍品"。

　　"曲印"珍品规格有四种，分别是：500毫升、375毫升、200毫升、50毫升，铁盖珍品（375毫升）一直沿用到2002年。此图所展示的贵州茅台酒为"附膜式包装盒"，内附精美的酒爵及"金桂奖"缩小标签一枚。右图的酒标和酒盒印有"珍品"二字图案不同。在标注规格容量有"500ML"和"500ml"两种。正标右下角印有"中國贵州茅台酒厰出品"字样。

瓶身上的曲线形"珍品"字样

| 500ml | 375ml | 200ml | 50ml |

1991～1992年贵州茅台酒（铁盖珍品）

生产日期	1991～1992年
产品规格	53％vol　500ml
拍卖信息	北京保利2010年12月2日，Lot1438
成交价格	RMB 145,600／6瓶
收藏指数	★★★☆☆☆

名　　称：	贵州茅台酒
标准代号：	黔Q11-84
配　　料：	高粱，小麦1：1
批　　号：	91～66
生产日期：	1991年6月26日
厂　　址：	贵州省仁怀县茅台镇

盒内附有生产日期的标签

特征：

　　"瓶盖"封口为铝盖，有飘带，红胶膜，顶膜有"茅台"暗字。1991～1992年的外观与之前的曲印珍品差别不大，1990年的瓶身正标右下角容量由"500ML"更改为"500ml"（如下图箭头所示）。

1993～1994年贵州茅台酒（铁盖木珍）

生产日期	1993～1994年
产品规格	53%vol　500ml
拍卖信息	北京保利2010年12月2日，Lot1437
成交价格	RMB 156,800／6瓶
收藏指数	★★★☆☆☆

名　　称：	贵州茅台酒
标准代号：	Q/MJJ2.1
配　　料：	高粱、小麦
批　　号：	94-□□□3
生产日期：	1994年1月22日
厂　　址：	贵州省仁怀县茅台镇
食品标签准印证：黔043号	

盒内附有生产日期的标签

特征：

瓶盖封口为铝盖，有飘带，红胶膜，盖顶有"茅台"暗字。1993～1994年的外观与之前的曲印珍品差别不大，1993年的瓶身正标下印有"53%（v/v）"与"500mL"中的"m"为小写(如下图箭头所示)。

1995～1996年贵州茅台酒（铁盖珍品）

生产日期	1995～1996年
产品规格	53％vol　500ml
拍卖信息	北京保利2010年12月2日，Lot1435
成交价格	RMB 145,600／6瓶
收藏指数	★★★☆☆☆☆

名　　称： 贵州茅台酒
标准代号： Q/MJJ2.1
配　　料： 高粱、小麦
批　　号： 95——07
生产日期： 996年2月14
厂　　址：贵州省仁怀县茅台镇
食品标签准印证：黔043号

1996年贵州茅台酒（塑盖珍品）

生产日期	1996年
产品规格	53％vol　500ml
拍卖信息	西泠印社2011年7月17日，Lot1596
成交价格	RMB 46,000／6瓶
收藏指数	★★☆☆☆☆

名　　称：贵州茅台酒
标准代号：Q/MJJ2.1
配　　料：高粱、小麦
批　　号：95－－08
生产日期：1996年4月5
厂　　址：贵州省仁怀县茅台镇
食品标签准印证：黔043号

相关记事：

　　据《茅台酒厂志》记载：1996年3月，茅台酒厂使用40万个日本产酒瓶用于珍品茅台酒生产。

　　在1996年内先后有两种封盖的珍品茅台酒，一种为金属螺旋盖，另一种为新式防二次灌装瓶口，外面是螺旋式红塑盖，再封透明封膜。

1997～1999年贵州茅台酒（珍品）

生产日期	1997～1999年
产品规格	53％vol　500ml
拍卖信息	北京保利2010年12月2日，Lot1432
成交价格	RMB 123,200／6瓶
收藏指数	★★☆☆☆☆☆

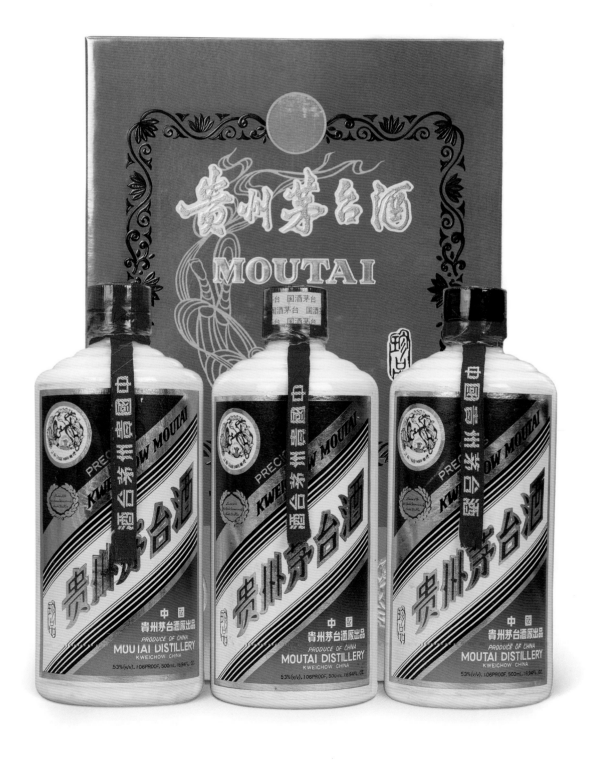

| 1996～1997年 无防伪标"珍品" | 1998年8月16日 白色防伪标"珍品" | 1998～1999年 白色防伪标"珍品" | 1999～2000年 蓝色防伪标"珍品" | 2000～2009年 防伪标"珍品" |

相关记事:

珍品茅台的食品标签使用至1999年。

特征:

木盒经过上漆处理,用来包装珍品茅台酒,不导热、不串味、不漏水、不生虫、耐酸碱、不易腐朽、不褪色,其保存方式极大地提升了茅台酒的品质。

早期的木盒为上红下金,后期的为上黑下红,正面中部配有英文说明。1996年8月19日,茅台酒厂主导产品贵州茅台酒500毫升系列(含飞天牌、五星牌),正式启用从意大利GUALA公司进口的专用瓶盖。该瓶盖具有防伪、防再次灌装、使用安全等功能。在此期间,还生产大木盒珍品茅台酒和扣盖式包装盒珍品茅台酒。

1998年同期生产大盒"木珍"

2000年贵州茅台酒（珍品）

生产日期	2000年
产品规格	53％vol　500ml
拍卖信息	西泠印社2011年7月17日，Lot1594
成交价格	RMB 43,700／6瓶
收藏指数	★★☆☆☆☆☆

2001～2008年贵州茅台酒（珍品）

生产日期	2001～2008年
产品规格	53%vol　500ml
拍卖信息	西泠印社2011年12月29日，Lot3099
成交价格	RMB 43,700／6瓶
收藏指数	★☆☆☆☆☆☆

特征：

　　在此期间的珍品茅台酒外观特征基本相同，包装盒有纸、木两种。2000年包装盒上，绿色食品标识开始使用。2002年12月21日，原产地域保护标识首次使用。2004年5月21日，有机食品标识首次使用。2005年4月，启用外箱喷码。

2004年至今贵州茅台酒（珍品）

生产日期	2004年至今
产品规格	53％vol 500ml
拍卖信息	
成交价格	
收藏指数	★☆☆☆☆☆

相关记事：

    2009年2月24日，启用新防伪红色胶帽，并且将瓶盖顶上的圆形物流码标改为长方形贴在背标顶部。

2008年至今贵州茅台酒（紫砂珍品）

生产日期	2008年至今
产品规格	53％vol　500ml
拍卖信息	
成交价格	
收藏指数	★☆☆☆☆☆

酱香型白酒色泽微黄的成因

　　典型酱香型白酒具有"微黄透明、酱香突出、幽雅细腻、酒体醇厚、回味悠长、空杯留香持久"的感官特征，深受消费者的喜爱。"微黄透明、晶莹剔透"的色泽，不但可以使酒体散发出浑厚诱人的质感，而且随储存年限的增加，酒色越黄，更能赋予酒体美好的年代色彩。

　　经研究发现，联酮类化合物都不同程度地带有黄色，从而使酒体色泽带黄。酱香型白酒中联酮类化合物含量较高，主要来源于酿造和储存环节，尤其是白酒储存过程中，酒体内部发生着缓慢而复杂的化学变化使联酮类化合物的含量增加。因此，酱香型白酒的储存时间越长，酒色越黄。但随着储存时间的推移，此变化到一定的酒精度数后会逐步缓慢下来，颜色变化便不会像出厂初期明显，保持在一个相对稳定的状态。

　　酱香型白酒的风格特点源于其"四高（高温制曲、高温堆积、高温发酵、高温流酒）两长"的独特酿造技艺。联酮类化合物初始来源主要是"四高"工艺中的高温制曲。从生化反应的角度分析，高温大曲生产过程中发生了美拉德反应，美拉德反应中间阶段的斯特克尔降解可以生成联酮类化合物，使酱香型白酒带有晶莹剔透的微黄色泽；同时还可以降解生成斯特克尔醛类和厚重的酱香风味物质，赋予酱香型白酒突出的酱香、幽雅的芳香和舒适的烘焙香，起到了丰富酱香型白酒酒体风味的作用。

　　酱香型酒的酿造需经"两次投粮、九次蒸煮、八次发酵、七次取酒"。其中下沙至二次酒生产时高温大曲使用量较少，因此一、二次酒的色泽基本为"无色透明"，无明显微黄色，酒体的酱香、芳香、醇厚感和风格也较弱。到三次酒后，随高温大曲使用量增大，加之前几轮次使用的曲药累计，使三至七次酒的色泽变为"微黄透明"，酒体的酱香、芳香、醇厚感明显提升，具有较典型的酱香风格。原酒再经多年储存、盘勾勾兑、精心调味，从而使成品酱酒酒体具备"微黄透明、酱香突出、幽雅细腻、酒体醇厚、回味悠长、空杯留香持久"的独特风格。

　　以下为本人总结便于消费者掌握的酱香型白酒通俗评语，供您参考：

　　色：微黄透明、晶莹剔透的象牙色；

　　香：淀粉类物质发酵经储存后产生的酱类物质香（如老抽、芝麻酱、豆豉等）+芳香+焙烤香+酒香的复合香气，含多种香味物质，丰富厚重而饱满；

　　味：入口酸中伴甜，口中酸甜苦咸鲜复合口味，后味悠长而舒适，后尾回甘；

　　特点：对自然界物质发酵加工后的香和味，浓厚而持久，需多次接触后才会接受，接受后的忠诚度高。

国家首席白酒品酒师　沈　毅

2015年4月15日

贵州茅台酒走向世界（出口到世界各地的茅台酒）

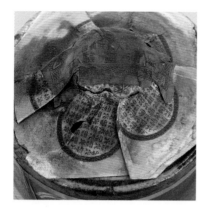

1953年前中国专卖事业公司出口茅台酒

1954年出口新加坡

1957～1958年出口柬埔寨

20世纪90年代销售到香港

20世纪80年代销售到香港

20世纪60-70年代销售到香港

20世纪80年代出口新加坡

20世纪80年代出口新加坡

20世纪80年代出口马来西亚

出口马来西亚

20世纪90年代出口韩国

20世纪60、70年代出口日本

1974年出口日本

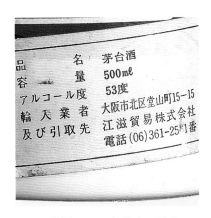

20世纪60、70年代出口日本

20世纪60、70年代出口日本

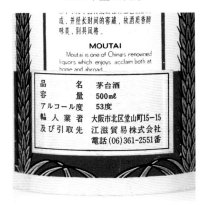

20世纪80年代出口日本

20世纪90年代出口日本

20世纪90年代出口日本

出口日本大阪

出口日本长崎

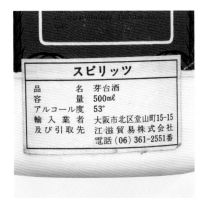

出口日本大阪

20世纪80年代出口泰国

20世纪80年代出口泰国

20世纪80年代出口泰国

20世纪80年代出口缅甸

20世纪60-70年代出口美国

20世纪80年代出口美国

20世纪80年代出口美国加州

20世纪90年代出口美国

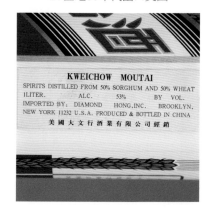
出口美国

出口美国加州

1996年出口美国

2001年出口美国

2001年出口美国

2001年出口美国

2001年出口美国

GOVERNMENT WARNING: (1)ACCORDING TO THE SURGEON GENERAL,WOMEN SHOULD NOT DRINK ALCOHOLIC BEVERAGES DURING PREGNANCY BECAUSE OF THE RISK OF BIRTH DEFECTS. (2)CONSUMPTION OF ALCOHOLIC BEVERAGES IMPAIRS YOUR ABILITY TO DRIVE A CAR OR OPERATE MACHINERY,AND MAY CAUSE HEALTH PROBLEMS

2001年出口美国

贵州
茅台酒股份有限公司出品
MOU TAI CHIEW
SPIRITS DISTILLED FROM 56% WHEAT & 54% SORGHUM
375ML ALC. 53% BY VOL.
IMPORTED BY DIAMOND HONG, INC. BROOKLYN, NEW YORK
PRODUCED AND BOTTLED IN CHINA

2003年出口美国

茅台酒
茅台酒为中国名酒, 在国内外享有盛名,
茅台酒产于中国贵州省仁怀市茅

GOVERNMENT WARNING: (1) ACCORDING TO THE SURGEON GENERAL, WOMEN SHOULD NOT DRINK ALCOHOLIC BEVERAGES DURING PREGNANCY BECAUSE OF THE RISK OF BIRTH DEFECTS. (2) CONSUMPTION OF ALCOHOLIC BEVERAGES IMPAIRS YOUR ABILITY TO DRIVE A CAR OR OPERATE MACHINERY, AND MAY CAUSE HEALTH PROBLEMS.

Production of Moutai began 2704 in the town of that name in Renhuai county, Kweichow province. Selected wheat, the choicest sorghum and the excellent local water into its preparation. Traditional brewing expertise together with long aging gives Moutai

2003年出口美国

GOVERNMENT WARNING: (1)ACCORDING TO THE SURGEON GENERAL,WOMEN SHOULD NOT DRINK ALCOHOLIC BEVERAGES DURING PREGNANCY BECAUSE OF THE RISK OF BIRTH DEFECTS. (2)CONSUMPTION OF ALCOHOLIC BEVERAGES IMPAIRS YOUR ABILITY TO DRIVE A CAR OR OPERATE MACHINERY,AND MAY CAUSE HEALTH PROBLEMS

2007年出口美国

COTISATION SÉCURITÉ SOCIALE

MOU TAI CHIEW
Alcool de sorgho
Mis en bouteilles en R P de Chine
Importateur : S.A.R.L. YIU HOA
39 Rue Monsieur Le Prince, 75006 Paris

20世纪80年代出口法国

Chin. Branntwein
"Mou Tai Chiew"
aus Sorghum hergestellt
Alkoholgehalt: 55 Vol%
Nettoinhalt: 5oo g
Hersteller: VR, China
Imp.: In & Ma, Hamburg
AUSLÄNDISCHES ERZEUGNIS

出口德国汉堡

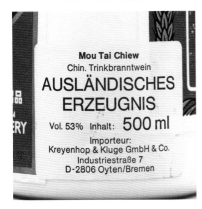

Mou Tai Chiew
Chin. Trinkbranntwein
AUSLÄNDISCHES ERZEUGNIS
Vol. 53% Inhalt: 500 ml
Importeur:
Kreyenhop & Kluge GmbH & Co.
Industriestraße 7
D-2806 Oyten/Bremen

出口德国不莱梅

LÄNDISCHES ERZEUGNIS
HINESISCHER BRANNTWEIN
HERGESTELL AUS KOLBENHIRSE
ORIGINAL ABGEFÜLLT VON:
MOU BRENNEREI
KWEIC V, VR-CHINA
INHALT TR. 53% VOL.
IMPORTEUR:
WESSE ORF K.G., HAMBURG

20世纪80年代出口德国

贵州茅台
Mao Tai Branntwein
Auslaendisches Erzeugnis
Original Abgefuellt von:
Guizhou, V.R.China
0.5Ltr. 53%Vol.
Chow's Enterprise GmbH
6503 Mainz-Kastel

20世纪80年代出口德国

#12400
Mou Tai Chiew
Chin. Trinkbranntwein
AUSLÄNDISCHES ERZEUGNIS
53% Vol. Inhalt: 500ml
Importeur:
Kreyenhop & Kluge GmbH & Co.
Industriestraße 40 - 42
28876 Oyten/Bremen

DER GRÜNE PUNKT

43 16734 12400 1

20世纪80年代出口德国

A
152

20世纪80年代出口意大利

I CHIEW distillato di frumento. -
DISTILLERY nello stabilimento di Kweic
to da CHINA NATIONAL CEREALS OILS AND
EXPORT CORPORATION, Filiale di Canton, C
Importato da IMEX S.p.A., Milano
51,9 - Licenza UTIF N. 836 - Contenuto

HIEW distilled from wheat. - By MOU TAI
China. - Bottled by CHINA NATIONAL C
DSTUFFS. - IMPORT & EXPORT COR
UNG FOODSTUFFS BRANCH, KWANG
Imported by IMEX S.p.A., Milano
ntent 51,9° - UTIF LICENCE N. 836 - Capa

20世纪80年代出口意大利

贵州茅台酒（中国国礼）

贵州茅台酒（中国国礼）

贵州茅台酒（中国国礼）

贵州茅台酒（中国国礼）（另有单瓶款）

20世纪80年代初北京友谊商店礼盒茅台酒（外宾服务商店）　　20世纪80年代北京友谊商店礼盒茅台酒（外宾服务商店）

20世纪80年代初期北京友谊商店礼盒茅台酒（外宾服务商店）　　20世纪80年代北京友谊商店礼盒茅台酒（外宾服务商店）

贵宾特制　　　　　　　　　　　　　　　贵宾特制（内有收藏证书）

贵州茅台酒53%vol 0.14L（20世纪80年代人民大会堂礼盒）

贵州茅台酒（20世纪80年代人民大会堂礼盒）

貴州茅台酒爲中國八大名酒之一，早已享譽國際，曾於公元1919年在巴拿馬賽會評爲世界名酒第二位。茅台酒產於中國貴州省北部之仁懷縣茅台鎮，已有二百餘年的悠久歷史，純以肥美小麥及高粱爲原料，配以當地之優良泉水精工釀製而成，並經長時間的窖藏，故酒質能保持美味香醇，且富有營養價值。

MOU-TAI CHIEW PRODUCED IN KWEICHOW PROVINCE, CHINA, IS ONE OF THE EIGHT FAMOUS CHINESE WINES AND SPIRITS. IT HAS BEEN WELL KNOWN TO THE WORLD MARKET FOR A LONG TIME. AT THE PANAMA INTERNATIONAL EXHIBITION IN 1919, IT WON RECOGNITION AS THE SECOND BEST AMONG ALL THE WINES AND SPIRITS IN THE WORLD.

THE LIQUOR OWES ITS NAME TO ITS PRODUCING CENTER, MOU-TAI CHEN, JEN HWAI CITY, IN THE NORTHERN PART OF KWEICHOW PROVINCE, WHERE, FOR OVER TWO CENTURIES, IT HAS BEEN FERMENTED AND DISTILLED FROM THE BEST WHEAT AND MILLET WITH THE FAMOUS MOU-TAI FOUNTAIN WATER. THE LIQUOR HAS TO BE STORED IN CELLARS FOR A CONSIDERABLE LONG TIME BEFORE BOTTLING, THUS TO BRING OUT ITS CHARACTERISTIC DELICIOUS SAVOUR WITH ITS NUTRITIOUS FOOD VALUE.

第七章

生肖酒、文化酒
纪念酒、定制酒

生肖酒

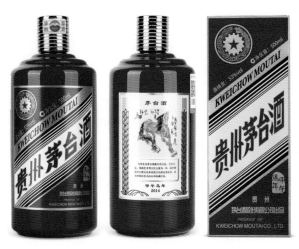

甲午马年五星牌500ml（贴标）

甲午马年飞天牌港区省级政协委员联谊会尊享500ml

甲午马年五星牌500ml（烤标）

甲午马年五星牌1.5L（小批量勾兑）

甲午马年五星牌2.5L

乙未羊年五星牌500ml

乙未羊年飞天牌港区省级政协委员联谊会尊享500ml

乙未羊年 飞天牌375ml

乙未羊年五星牌1.5L（小批量勾兑）

乙未羊年五星牌2.5L

生肖酒

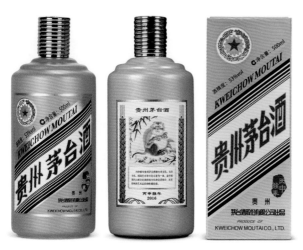

丙申猴年五星牌500ml

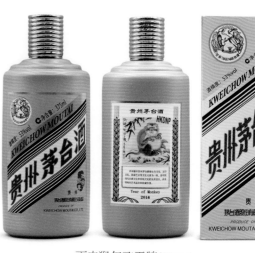

丙申猴年飞天牌375ml

丙申猴年五星牌星美生活500ml

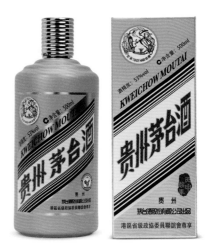

丙申猴年飞天牌港区省级政协委员联谊会尊享500ml

丙申猴年五星牌1.5L（小批量勾兑）

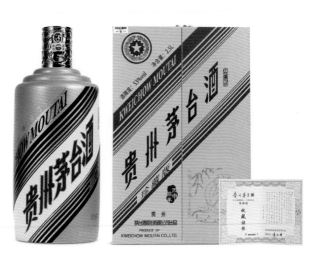

丙申猴年五星牌2.5L（小批量勾兑）

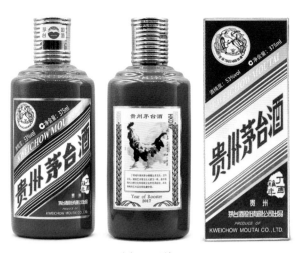

丁酉鸡年五星牌500ml　　　　　　　丁酉鸡年飞天牌375ml

丁酉鸡年五星牌375ml×2　　　　　　丁酉鸡年飞天牌
港区省级政协委员联谊会尊享500ml

丁酉鸡年五星牌1.5L　　　　　　　　丁酉鸡年五星牌2.5L

生肖酒

戊戌狗年五星牌500ml

戊戌狗年飞天牌500ml

戊戌狗年五星牌375ml×2

戊戌狗年飞天牌375ml

戊戌狗年五星牌1.5L

戊戌狗年五星牌2.5L

己亥猪年五星牌500ml

己亥猪年五星牌375ml×2

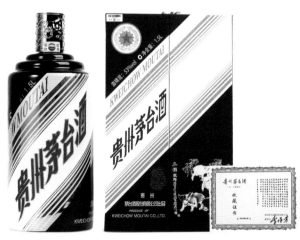

己亥猪年五星牌1.5L

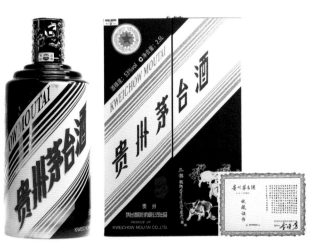

己亥猪年五星牌2.5L

生肖酒

庚子鼠年五星牌500ml

庚子鼠年五星牌375ml×2

庚子鼠年五星牌1.5L

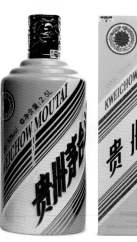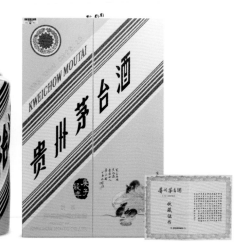

庚子鼠年五星牌2.5L

辛丑牛年五星牌500ml

辛丑牛年五星牌375ml×2

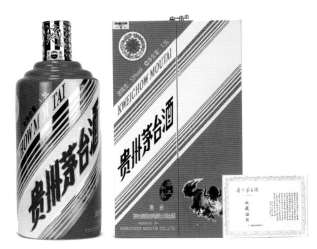

辛丑牛年五星牌1.5L

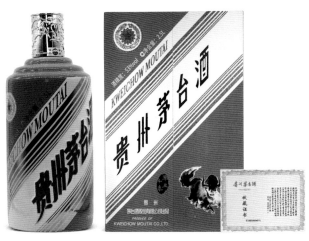

辛丑牛年五星牌2.5L

生肖酒

十二生肖铜兽首–羊1.2L×2（小批量勾兑）

十二生肖铜兽首–猴1.2L×2（陈酿）

十二生肖铜兽首–鸡1.2L×2（陈酿）

十二生肖（限量珍藏版）

子鼠（珍藏版）

丑牛（珍藏版）

寅虎（珍藏版）

卯兔（珍藏版）

辰龙（珍藏版）

巳蛇（珍藏版）

午马（珍藏版）

未羊（珍藏版）

申猴（珍藏版）

酉鸡（珍藏版）

戌狗（珍藏版）

亥猪（珍藏版）

十二生肖（金版）

子鼠（金版）

丑牛（金版）

寅虎（金版）

卯兔（金版）

辰龙（金版）

巳蛇（金版）

午马（金版）

未羊（金版）

申猴（金版）

酉鸡（金版）

戌狗（金版）

亥猪（金版）

子鼠（金版酒盒）

丑牛（金版酒盒）

寅虎（金版酒盒）

卯兔（金版酒盒）

辰龙（金版酒盒）

巳蛇（金版酒盒）

午马（金版酒盒）

未羊（金版酒盒）

申猴（金版酒盒）

酉鸡（金版酒盒）

戌狗（金版酒盒）

亥猪（金版酒盒）

十二生肖（铜版）

子鼠（铜版）

丑牛（铜版）

寅虎（铜版）

卯兔（铜版）

辰龙（铜版）

巳蛇（铜版）

午马（铜版）

未羊（铜版）

申猴（铜版）

酉鸡（铜版）

戌狗（铜版）

亥猪（铜版）

子鼠（铜版酒盒）

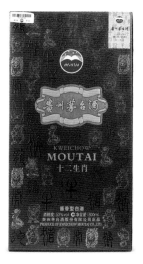

丑牛（铜版酒盒）

寅虎（铜版酒盒）

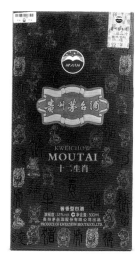

卯兔（铜版酒盒）

辰龙（铜版酒盒）

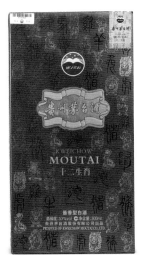

巳蛇（铜版酒盒）

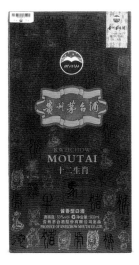

午马（铜版酒盒）

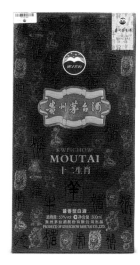

未羊（铜版酒盒）

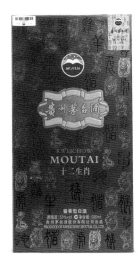

申猴（铜版酒盒）

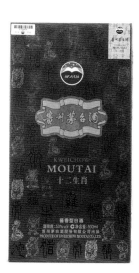

酉鸡（铜版酒盒）

戌狗（铜版酒盒）

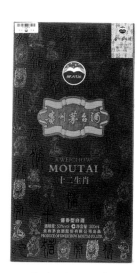

亥猪（铜版酒盒）

燕京八景（陈酿）

燕京八景（陈酿）
注：有2019年12月17日/2018-080、2020年9月10日/2018-134、2021年6月25日/2019-035

　　贵州茅台酒·陈酿·燕京八景精心选用53°茅台陈酿酒质是一种在53°茅台飞天酒质基础之上，增加更多的老酒作为基酒精心勾调的酒质。该产品是在传承茅台独特酿造工艺和悠久历史的基础上，集京味儿文化、盛世古景、御诗古画、茅台文化为一体，是外有形式、内有故事，是关于"文化茅台"建设的有益尝试，让广大消费者和茅粉们获得了全新的更好的品牌体验，具有多重价值。

太液秋风

琼岛春阴

金台夕照

蓟门烟树

西山晴雪

玉泉趵突

卢沟晓月

居庸叠翠

中信金陵酒店

中信金陵酒店（红）
注：有2015年1月31日/2014-093

中信金陵酒店（黄）
注：有2015年1月31日/2014-093

中信金陵酒店（白）
注：有2015年1月31日/2014-093

中信金陵酒店（蓝）
注：有2015年1月31日/2014-093

赤龙焕彩·红
注：有2018年8月19日/2019-001

金昭玉粹·黄
注：有2018年8月19日/2019-001

月白风清·白
注：有2018年8月19日/2019-001

浮翠流丹·蓝
注：有2018年8月19日/2019-001

奥运

奥运纪念酒750ml（2008年8月8日 ）（限量发行）

贵州茅台酒鸟巢500ml（特制陈酿）
注：有2011年12月2日/2010-146

2008年奥运会国家游泳中心特制（限量发行），每一樽底部带有编号。

中国体育代表团庆功酒（铜牌 15 年陈酿）
注：有2012年11月16日/2011-005

中国体育代表团庆功酒（银牌 30 年陈酿）
注：有2012年11月14日/2012-001

中国体育代表团庆功酒（金牌 50 年陈酿）
注：有2012年11月5日/2012-001

中国体育代表团庆功酒
注：有2012年8月3日/2012-010、2016年11月21日/2016-114

国酒茅台文化研究会庆功酒
注：有2017年12月12日/2017-016
2018年10月15日/2018-043、2018年10月23日/2018-047

会员

国酒茅台会所专用
注：有2009年1月16日/2008-01

国酒茅台会所专用500ml×2
注：有2009年5月13日/2009-01、2009年8月18日/2009-01
2010年5月28日/2009-08

2009年国酒茅台文化研究会会员专用（单瓶）
注：有2009年11月26日/2007-17、2011年8月15日/2009-08
2011年12月27日/2010-141、2013年3月1日/2012-011

文化研究会会员专用（侧面有海航集团）
注：有2010年6月22日/2009-08

国酒茅台文化研究会会员专用（单瓶礼盒）
注：有2012年11月21日/2011-108、2013年1月23日/2012-011
外露卡环：2012年9月14日/2011-108

文化研究会会员（陈酿）
注：有2017年12月29日/2015-059、2018年10月8日/2016-021
2019年12月12日/2018-080、2020年8月20日/2018-133

会员专享（43%vol 1L）
注：有2013年2月1日/2012-076

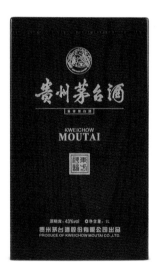

东方神韵（43%vol 1L）
注：有2011年11月18日/2011-13

会员专享（53%vol 1L）
注：有2014年7月2日/2013-008

会员

中国首席白酒品酒师500ml（限量2017瓶）
注：有2017年11月21日/2017-018

中国首席白酒品酒师王莉375ml（限量2017瓶）
注：有2017年11月25日/2017-018

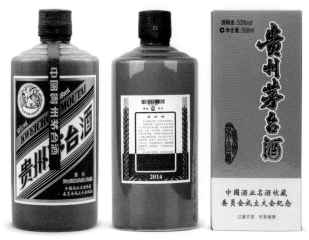

中国酒业名酒收藏委员会成立大会纪念
注：有2014年4月10日/2012-086

上海国际酒交会
注：有2017年11月10日/2017-063

纪念贵州茅台酒蝉联1979年国家名酒称号
注：有2016年4月9日/2015-141

纪念贵州茅台酒荣获1963年国家名酒称号
注：有2017年8月18日/2017-025

2015~2016年为百年庆典珍藏25L×2
注：有2015年11月6日、2016年4月20日/2015-149、12月5日/2016-120

收藏证书

收藏证书内容如下：

　　为庆祝中国酒业协会名酒收藏委员会成立一周年，为纪念国酒茅台荣获世博会金奖一百周年。中国酒业协会名酒收藏委员会与贵州茅台酒股份有限公司共同倾情推出"茅台酒获巴拿马世博会金奖一百周年庆典珍藏纪念酒"（小批量调制，每樽25L），融汇茅台"一百年的积蕴，一百年的荣耀，一百年的灵气，一百年的力量，一百年的运势"，彰显华夏文明之典范，引领名酒收藏之发展，面向中国酒业协会会员限量发行。

　　百年庆典珍藏纪念酒瓶身采用中国传统雕龙图腾，双龙捧珠萦绕于温润瓷瓶之上，取贯斗双龙之祥。每樽都有独立收藏证书，成对收藏更为稀缺难得。

贵州茅台酒400ml（国家品酒师鉴评酒）
注：有2010年4月9日

茅五会见2.25L
注：有2018年2月3日/2017-121

茅粉节

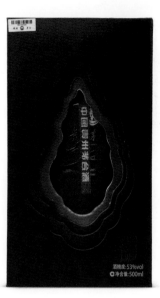

2017年9月30日首届茅粉节（茅粉红限量996瓶）
注：有2017年9月29日/2017-046

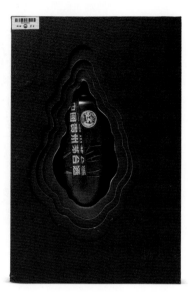

2017年9月30日首届茅粉节（茅粉金限量100瓶）
注：有2017年9月29日/2015-057

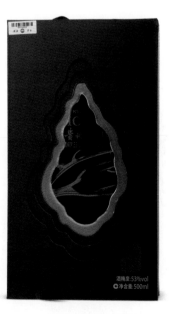

2018年9月30日第二届茅粉节（茅粉黑限量2000瓶）
注：有2018年9月28日/2018-039

2018年9月30日第二届茅粉节（茅粉五十年限量100瓶）
注：有2018年9月28日/2016-002

1958年收藏证书

2017年9月30日，首届茅粉节"酱香远播隽永珍藏老酒回家"活动纪念，
首席调酒师王刚采用1958年和1988年老茅台酒精心勾兑而成，总数量15瓶。

1959年收藏证书

2017年9月30日，首届茅粉节"酱香远播隽永珍藏老酒回家"活动纪念，
首席调酒师王刚采用1959年和1989年老茅台酒精心勾兑而成，总数量15瓶。

1960年收藏证书

2017年9月30日，首届茅粉节"酱香远播隽永珍藏老酒回家"活动纪念，
首席调酒师王刚采用1960年和1990年老茅台酒精心勾兑而成，总数量15瓶。

贵州茅台酒（卡慕）

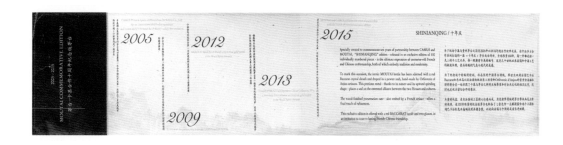

贵州茅台酒（茅台–卡慕合作十周年纪念）2005～2015年 限量100瓶 （小批量勾兑）

收藏证书内容如下：

为了纪念卡慕与贵州茅台之间自2005年以来十年的合作伙伴关系，由中法多方合作共同打造的一款"十年庆"茅台成功问世，全球限量100件，每一件都是独一无二的手工艺术品，每一瓶都有专属的编号。这是几个世纪以来法国和中国工艺的极致体现，兼具传统的气息与现代的美感。

为了纪念这个特殊的时刻，标志性的中国茅台酒瓶，举世无双的法国巴卡拉Baccarat红色水晶，以及法国传统金匠工坊安轩 Orfèvreried'Anjou的贵重金属锡，被和谐地整合在一起，体现了卡慕与茅台之间的互相尊重和彼此对企业文化的相互认同，同时也是双方密切合作的象征。

木质的礼盒，是由法国工匠精心打造，为这款限量版的茅台带来画龙点睛的效果。这10件限量的纪念版茅台也配备了一套包含一支醒酒器和两只小酒杯的巴卡拉红色水晶制成的品酒套装，以此向法国与中国的友谊长存致敬。

贵州茅台酒（卡慕 53%vol 375ml小批量勾兑）　　　　贵州茅台酒（卡慕礼盒 53%vol 375ml小批量勾兑）

贵州茅台酒（卡慕 李白53%vol 375ml）　　　　贵州茅台酒（卡慕礼盒 纪念币款 53%vol 375ml）

DFS全球独家销售（53%vol 375ml陈酿）　　　　贵州茅台酒（卡慕 杜甫53%vol 375ml）

九龙墨宝80年

文怀沙
国学大师
楚辞泰斗

沈　鹏
第五届中国书法家协会名誉主席
第六届中国书法家协会名誉主席

张　海
第五届中国书法家协会主席
第六届中国书法家协会主席

欧阳中石
第三届中国书法家协会顾问

李　铎
第五届中国书法家协会顾问
第六届中国书法家协会顾问

权希军
第二届中国书法家协会副秘书长
第三届中国书法家协会顾问

谢　云
第五届中国书法家协会顾问
第六届中国书法家协会顾问

刘　艺
第五届中国书法家协会顾问
第六届中国书法家协会顾问

段成桂
第五届中国书法家协会副主席
第六届中国书法家协会顾问

佟　韦
第五届中国书法家协会顾问
第六届中国书法家协会顾问

刘　恒
第六届中国书法家协会理事
中国文联书法艺术中心主任

　　2012年3月，贵州茅台酒股份有限公司与中国书法家协会在北京钓鱼台国宾馆举行发布会，隆重推出融中国书法文化、龙文化、国酒文化于一体的"陈年茅台酒（九龙墨宝）"，系茅台酒厂践行文化营销战略，打造的高端文化收藏品牌，均限量发售，带有编号和收藏证书。整体外观由北京奥运会会徽镌刻人设计。开创多项第一：

　　第一次灌装999毫升装陈年茅台酒，开创了陈年茅台酒999毫升装先河。

　　第一次将中国书法真迹作品与国酒结合，开创了茅台酒与中国书法真迹作品结合的先河。

　　第一次将国酒文化、书法文化、龙文化融合，开创了国酒文化新领域，丰富了国酒文化新内涵。

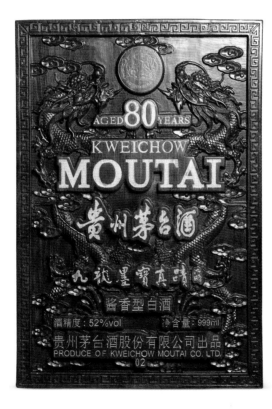

80年陈年贵州茅台酒（九龙墨宝）（999ml装）
2012年6月12日/2011—001

　　此酒为80年陈年茅台酒（九龙墨宝），系茅台酒厂开发陈年茅台酒以来，第一次灌装容量为999毫升的80年陈年茅台酒，亦是目前唯一一款999毫升的80年陈年茅台酒。

　　其书法长卷"九龙墨宝真迹"为中国当代大师级书法家参与创作书写，故每卷上的"龙"字均不一样，各具特色。每卷均独一无二。采用传统手工装裱。包装为咖啡色龙云纹饰传统织锦书画盒。

　　瓶身采用上釉描金工艺，绘龙云纹饰，金属瓶盖，包装为精雕祥云纹饰的非洲小叶红檀木木盒，形制略有不同。

　　此酒上市量极其稀少，全球限量发售仅20瓶。

九龙墨宝30年

30年陈年贵州茅台酒（九龙墨宝）（999ml装）
2012年6月7日/2011-004

　　此酒为30年陈年茅台酒（九龙墨宝），系茅台酒股份有限公司开发陈年酒以来，第一次灌装容量为999毫升的30年陈年茅台酒，亦是唯一一款999毫升的30年陈年茅台酒。

　　其书法长卷"九龙墨宝真迹"为中国书法家协会副主席参与创作书写，故每卷上的"龙"字均不一样，各具特色。每卷均独一无二。采用传统手工装裱。包装为正黄色龙云纹饰传统织锦书画盒。

　　瓶身采用上釉描金工艺，绘龙云纹饰，金属瓶盖。包装为精雕九龙祥云纹饰的非洲小叶红檀木木盒。

　　全球限量发售3010瓶。

邵秉仁

聂成文

胡抗美

陈永正

钟明善

申万胜

吴东民

张业法

张 飙

吴善璋

　　选自中国书法家协会副主席钟明善，中国书法家协会副主席陈永正，中国书法家协会副主席邵秉仁，中国书法家协会副主席聂成文，中国书法家协会顾问、中国书法家协会原党组书记、驻会副主席张飙，中国书法家协会副主席申万胜，中国书法家协会副主席吴善璋，中国书法家协会副主席胡抗美，中国书法家协会副主席吴东民，中国书法家协会副主席张业法等各擅其胜所书的9个"龙"字作品真迹组成。中国书法家协会理事高庆春题卷首，内蒙古自治区书法家协会副主席梁能伟题卷跋。

九龙墨宝15年

15年陈年贵州茅台酒（九龙墨宝）（999ml装）
2012年11月28日/2012−001

　　此酒为15年陈年茅台酒（九龙墨宝），系茅台酒股份有限公司开发陈年酒以来，第一次灌装容量为999毫升的15年陈年茅台酒，亦是唯一一款999毫升的15年陈年茅台酒。

　　其书法长卷"九龙墨宝真迹"为中国书法家协会副主席、中国书法家协会理事、各省书法家协会主席参与创作书写，故每卷上的"龙"字均不一样，各具特色。每卷均独一无二。采用传统手工装裱。包装为橘黄色龙云纹饰传统织锦书画盒。

　　瓶身采用上釉描金工艺，绘龙云纹饰，金属瓶盖。包装为精雕九龙祥云纹饰的沙比利红木木盒。

　　全球限量发售6000瓶。

| 张改琴 | 刘恒 | 于小山 | 赵彦良 | 包俊宜 | 郭伟 | 何满宗 |

| 刘文华 | 毛国典 | 石跃峰 | 张良勋 | 唐云来 | 王庆元 | 韦克义 |

选自中国书协副主席张改琴、中国文联书法艺术中心主任刘恒、安徽书协主席张良勋、湖南书协主席何满宗、云南书协主席郭伟、新疆自治区书协主席于小山、广西书协主席韦克义、中国书协书法培训中心主任刘文华、新疆书协名誉主席赵彦良、贵州书协主席包俊宜、江西书协主席毛国典、青海书协主席王庆元、山西书协主席石跃峰、天津书协主席唐云来等各擅其胜所书的9个"龙"字作品真迹组成，第29届北京奥运会会徽（中国印）镌刻人李建忠题卷首，文津楼书画院院长江岷金题卷跋。

中国国画大家（套装36瓶小批量勾兑）

刘文西　　　　　　　陈光健　　　　　　　赵华胜

裘缉木　　　　　　　赵振川　　　　　　　陈国勇

国画大家　　　　　　范扬　　　　　　　　苗再新

纪连彬　　　　　　孔维克　　　　　　乔宜男

杨晓阳　　　　　　尼玛泽仁　　　　　郭全忠

陈永锵　　　　　　张立柱　　　　　　王永亮

中国国画大家（套装36瓶小批量勾兑）

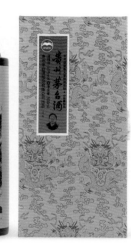

卢禹舜　　　　　　　　　赵卫　　　　　　　　　　蔡超

黄永厚　　　　　　　　　邢少臣　　　　　　　　　范桦

张江舟　　　　　　　　　李宝林　　　　　　　　　李延声

王孟奇　　　　　　　　韩硕　　　　　　　　　梅墨生

于志学　　　　　　　　苗重安　　　　　　　　张道兴

谢志高　　　　　　　　方骏　　　　　　　　　李爱国

中国酒韵（典故套装30瓶）

何二民《兴国制酒诰》　　刘文西《中国酒韵》　　李宏钧《刀光剑影》　　李宏钧《送酒盗马人》　　何二民《朝廷隐士》

何二民《竹林七贤》　　李宏钧《当垆卖酒》　　苗再新《醉书兰亭贴》　　何二民《箪醪劳师》　　张江舟《高阳酒徒》

陈联喜《斗酒学士》　　蔡超《朝中善酿》　　何二民《饮中八仙》　　杨晓阳《后跋》　　苗再新《药酒配方》

何军委《韩熙载夜宴图》　　苗再新《以酒寄迹》　　何二民《诗韵茅台》　　何军委《佩刀质酒》　　乔玉川《汉书下酒》

何军委《颠张狂素》　　何军委《煮酒论英雄》　　乔玉川《以酒忘忧》　　何军委《吴门四家》　　蔡超《杯酒释兵权》

乔玉川《香山九老》　　纪连彬《以酒会友》　　何二民《婉约佳人》　　乔玉川《醉翁居士》　　苗再新《东坡酒经》

中国酒韵（典故套装）（酒盒）

中国酒韵（十大人物2016年）

杨晓阳《颠张狂素》

谢志高《贵妃醉酒图》

李晓柱《人生诗酒寄风流》

赵华胜《十酒翁饮水图》

张鸿飞《虎溪三笑图》

陈钰铭《醉八仙》

苗再新《七贤雅集图》

李乃宙《香山九老图》

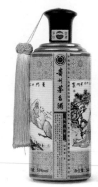 

纪连彬《吴门四家》

蔡超《五君子图》

中国酒韵（人物套装10瓶，小批量勾兑）

中国酒韵（十大花鸟2017年）

李晓军
《花蔓宜阳春》

方楚雄
《大度从容》

裴缉木
《富贵图》

高卉民
《秋酣》

乔宜男
《鱼乐图》

陈永锵
《云岭双英》

贾广健
《秋华图》

吉瑞森
《春》

郭子良
《地涌金莲》

邢少臣
《锦绣前程》

中国酒韵（花鸟套装）（酒盒）

中国酒韵（十大山水2019年）

苗重安
《清风侗寨静水湾》

于志学
《塞北回春》

张复兴
《黔地水云乡》

黄格胜
《牧歌》

管苠栐
《峨眉朝晖》

范扬
《坐对青山》

林容生
《晴峦叠翠图》

赵振川
《华岳秋岚》

赵卫
《四季山深各有香》

刘建
《春风又绿江南岸》

中国酒韵（山水套装）（酒盒）

中国酒韵（十大爱情2020年）

于文江
《嫦娥奔月》

齐鸣
《梁祝化蝶》

李延声
《牛郎织女》

胡永凯
《红楼梦》

陈政明
《贵妃出浴图》

于水
《西厢记》

韩硕
《天仙配》

韩学中
《凤求凰》

贺成
《白蛇传》

胡宁娜
《孔雀东南飞》

中国酒韵（爱情套装）（酒盒）

建国纪念

1999年国庆50周年盛典茅台纪念酒50年茅台（限量5000瓶）
注：有99年9月3日/99–01、9月7日/99–01、9月18日/99–01

收藏证书内容如下：

1999年10月1日是中华人民共和国成立50周年盛典，贵州茅台酒特出品50年陈年茅台酒，以志收藏纪念。

1999年国庆50周年盛世茅台纪念酒（磨砂瓶）
注：有99年9月24日/99–04、9月26日/99–04、10月12日/99–04

建国纪念

建国60周年纪念酒盛世典藏金丝楠木600ml（限量60瓶）
注：有2009年9月8日/2009-03

收藏证书内容如下：

60年甲子，60年的轮回，我们将迎来伟大祖国辉煌的日子—60年华诞。为了对祖国60年举世瞩目成就的纪念，对祖国母亲美好的祝愿，贵州茅台酒股份有限公司特制典藏建国60周年贵州茅台酒，以表达国酒人对祖国的忠诚和挚爱。

贵州茅台酒建国60周年典藏酒，提炼出"6个6"的设计理念：木盒6面体的结构、盒顶部代表新中国的60年发展历程的60颗星、酒瓶容量600毫升、底座周围的6级台阶、每级台阶高6毫米、限量典藏60瓶。酒盒上浮雕的"天安门"是新中国成立时刻的见证者，上方的"祥云"代表这60年繁荣祥和的发展，下部象征富贵繁荣的牡丹花灿然绽放，盒底座周围6对飞龙戏珠，游走在祥瑞云端，浑然天成。承载和见证一个光辉时代的发展和巨变。

包装由中国著名包装设计大师马熊设计，木盒采用金丝楠木为材料，甄选出高贵极其稀有具有琥珀感和金色透明水波纹，富有光泽动感的部分，以传统木工工艺成型，手工精心雕刻而成。酒瓶以具有悠久历史，中外闻名的宜兴紫砂陶瓶为容器，采用冰裂纹釉面的特殊工艺烧制。典藏酒酒质采用贵州茅台酒股份有限公司精心勾兑的50年贵州茅台酒。

"贵州茅台酒建国60周年典藏酒"是无愧于国礼级的包装，体现了国酒茅台至高无上的品质，其收藏价值，纪念意义堪称空前，弥足珍贵。也必将成为庆祝共和国60周年华诞扛鼎之作，其收藏价值不可估量，谨此鉴证。

建国纪念

2009年建国60华诞盛世大藏纪念酒600ml（50年陈酿 限量21916瓶）
注：有2009年9月18日/2007-01

收藏证书内容如下：

　　"建国60周年－开国盛世贵州茅台酒"采用窖藏50年陈年茅台酒精心勾兑而成，具有酱香突出、幽雅细腻、酒体醇厚、回味悠长、空杯留香持久的独特风格，是国酒茅台献礼祖国60华诞的永世醇香！

　　产品包装锦盒以中国三大名锦之首的南京云锦技艺装饰。酒瓶是采用红釉浮雕勾线描金艺术烧制的"中国红"酒瓶，象征祖国万年红。底座为卢氏黑黄檀镶嵌寿山石。圆形酒瓶配方形底座，寓意天圆地方、和谐完美。

　　酒的编号从1949年10月1日至2009年10月1日（每日一瓶），每瓶酒依其对应编号，附送当天《人民日报》原件一份。同时，中国邮政于2009年10月1日发行《中华人民共和国成立六十周年》纪念邮票一套4枚，小型张1枚，与此同庆。

　　"建国60周年－开国盛世贵州茅台酒"将"国酒－茅台、国瓷－中国红、国石－寿山石、国锦－南京云锦、国报－人民日报，国票－纪念邮票"集于一体，既有收藏的艺术价值，更有非凡的珍藏意义。

建国纪念

建国60周年盛世典藏纪念酒600ml（限量20000瓶）
注：有2009年9月11日/2009-01

收藏证书内容如下：

　　60年甲子，60年的轮回，我们将迎来伟大祖国辉煌的日子60年华诞。为了对祖国60年举世瞩目成就的纪念，对祖国母亲美好的祝愿，贵州茅台酒股份有限公司特制典藏建国60周年贵州茅台酒，以表达国酒人对祖国的忠诚和挚爱。

　　"纪念酒"的包装以内涵"6"为主要设计理念，6边形，6个层阶，60颗五角星，600毫升容量，代表"六六大顺，吉祥如意"的美好祈愿，酒瓶瓶型肩部为六角形和"吉祥如意""飘逸的祥云"为造型，并采用宜兴紫砂陶烧制，配上六角形六边60颗五角星的铜制金属皇冠盖。外盒浓缩了代表60年经典画面：香港回归、神舟飞船、青藏铁路、2008奥运会，以及人民英雄纪念碑大决战主浮雕图片，记录了祖国走过的60年辉煌岁月。纪念酒是国酒茅台为祖国华诞精心勾兑的贵州茅台酒。纪念酒限量发行20000瓶，每一个编号只限一瓶。

　　"建国60周年贵州茅台纪念酒"必将成为庆祝共和国60周年华诞扛鼎之作，其收藏价值与纪念价值不可限量。这载入史册的辉煌时刻，让你我共同见证！

建国纪念

建国70周年纪念茅台50年700ml（陈酿）
注：有2019年10月24日/2016-004

建国70周年纪念茅台700ml
注：有2019年9月11日/2017-147、9月19日/2017-147

2011年历史见证 光辉历程（陈酿）

建厂60周年　　　红军长征胜利75周年纪念　中国共产党建党90周年纪念　辛亥革命100周年纪念

注：有2011年11月1日/2009-08

收藏证书内容如下：

2011年，是辛亥革命100周年，中国共产党成立90周年，红军长征胜利75周年，茅台酒厂建厂60周年。

国运兴，国酒兴！长期以来，国酒茅台始终秉承光大中华酒文化和中国文化精粹的历史使命，努力为中华民族的伟大复兴和铸造卓越的民族品牌而不懈奋斗。在这特殊的历史节点，我们怀着崇敬的心情，倾力打造"历史见证，光辉历程"系列茅台纪念酒，藉以见证百年中国发展的光辉历程！

茅台"历史见证，光辉历程"4樽系列纪念酒，主题分别是：辛亥革命100周年纪念茅台酒，中国共产党建党90周年纪念茅台酒；红军长征胜利75周年纪念茅台酒，茅台酒厂建厂60周年纪念茅台酒。

《历史见证，光辉历程》纪念酒完美呈现了中国百年的历史发展进程，具有极强的观赏性和收藏意义，必将成为赞美中国百年光辉历程最具收藏价值和升值潜力的"红色文化"藏品。瓶内香而不酽、中和不烈、醇厚绵远、热情奔放的国酒茅台更是浓缩了中国人的创造激情，蕴藏着对中国一个世纪以来民族振兴、巨大变革的赞誉与骄傲，见证着中国人自立、自强、进步、和谐的民族尊严。

《历史见证，光辉历程》全球限量10000套，中国邮政同步配套发行拥有唯一编号的邮票珍藏纪念册，具有无与伦比的特殊意义及艺术收藏价值。

金奖纪念和建厂

2014年纪念巴拿马金奖100年珍藏版（5年、15年、30年、50年陈年）
注：有2013年11月12日/5年：2013-004、15年：2013-003、30年：2013-002、50年：2013-001

收藏证书内容如下：

历史是岁月的陈香，历史是年份的珍藏！

自1915年茅台荣膺美国巴拿马万国博览会金奖，代表中国向世界派出一张飘香的名片开始，到2015年意大利米兰世界博览会，国酒的韵味已经香飘36595天，陶醉世人整一个世纪。

100年沧桑历练，茅台不仅跻身世界三大蒸馏名酒，而且成为世界认识中国的窗口，拥有着"此物最中国"的美誉。100年艰苦奋斗，茅台不断地将自主知识产权的创造，融入中华民族伟大复兴的宏伟大业中，成为国人有口皆碑的"国酒"。

为永恒纪念国酒茅台世博金奖传奇百年，彰显从1915年2月20日巴拿马世博会至2015年5月1日米兰世博会，共走过36595天的光辉岁月，因酒茅台特别于窖藏的各种年份酒中，萃取5年、15年，30年、50年四款年份酒，以四款年份酒各500毫升1，小批量特酿的方式，缔造规格每套4瓶的【纪念获巴拿马金奖一百年·年份酒珍藏版】。因小批量产，限量发行，谨供各界知音朋友收藏。

【纪念获巴拿马金奖一百年·年份酒珍藏版】全套四款年份酒的年份相加恰好百年，寓意百年好合，世界大同。走过辉煌的世博百年，茅台还将一如既往，为这个伟大的时代，为各界知音朋友酿造更多更醉人的芳香，让世人在茅台酒的醇香中，品味华夏文明的悠久历史，感悟中华民族的百年梦想。

2013～2016年金奖百年
（2013年酒瓶背面有三个图标：金奖、飞天、五星）
注：有2013年12月5日/2013-026

贵州茅台酒建厂60周年（1951～2011）
注：有2012年2月22日/2010-141

50年陈年贵州茅台酒（国际金奖八十六周年、辉煌五十年纪念）
注：有2001年11月23日/2001-01、2001年11月24日/2001-01

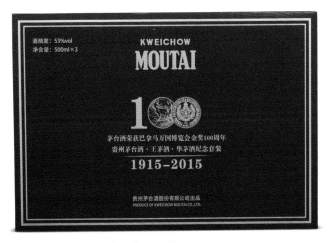

2016、2017年茅台酒荣获巴拿马万国博览会金奖100周年
贵州茅台酒·王茅酒·华茅酒纪念套装（1915～2015）500ml×3
注：有2016年11月26日/茅台2016-114、王茅·华茅2016-018、2016年11月28日/茅台2016-114、王茅·华茅2016-023
2016年11月30日/茅台2016-114、王茅·华茅2016-023

金奖纪念和建厂

巴拿马国际金奖纪念100年 30L（小批量勾兑）

巴拿马金奖纪念季克良签名珍藏1.5L／5L（小批量勾兑）

巴拿马金奖纪念1.5L

巴拿马金奖纪念1L

百年金奖辉煌（2014~2019年）
注：有2017年4月24日/2015-055

百年金奖传奇（白瓶 2014~2019年）
注：有2014年9月23日/2014-010

贵州茅台酒荣获巴拿马万国博览会金奖90周年纪念酒500ml×2
注：有2005年10月5日/2005-01（带纪念币）

2006~2016年 金奖纪念
注：有2006年1月4日/2005-15、2007年7月18日/2007-10
2008年2月7日/2008-01、2011年8月10日/2010-93

2016~2021年 金奖纪念
注：有2020年7月3日/2019-157

贵州

遵义会议纪念125ml×4
注：有2015年9月23日/2015-036

遵义会议纪念酒500ml
注：有2016年2月27日/2015-119

遵义会议纪念500ml(飞天牌礼盒装)
注：有2015年11月17日/2015-069

遵义会议纪念500ml(五星牌礼盒装)
注：有2015年11月17日/2015-033

最美高速500ml／200ml
注：有2015年8月7日/2015-015

贵州特需商品（瓶底）
注：有2015年4月17日/2014-132、8月7日/2015-011、8月10日
/2015-017、11月25日/2015-071、12月13日/2015-086、2016年
1月13日/2015-098、5月4日/2016-001、12月7日/2016-121

青岩古镇尊享375ml
注：有2016年1月30日/2015-110

生态文明贵阳国际论坛2014·贵州贵安
注：有2014年7月7日/2013-015

习酒加入茅台二十周年
注：有2018年10月8日/2018-042

贵州足球第一冠
注：有2015年4月2日/2014-125

贵州

遵义会址125ml　　贵州黄果树125ml　　贵州茅台酒125ml　　　　　贵州茅台酒111（125ml×3）

遵义会址200ml　　贵州黄果树200ml　　贵州茅台酒200ml　　　　　贵州茅台酒111（200ml×3）

遵义会址500ml　　贵州黄果树500ml　　贵州茅台酒500ml　　　　　贵州茅台酒111（500ml×3）

贵州中烟工业公司专用
注：有2008年12月12日/2008-15

贵州黄果树烟草集团公司专用酒
注：有2006年10月26日/2006-14

贵阳卷烟厂专用
注：有2004年11月17日/2004-06

茅台云商尊享
注：有2016年12月30日/2016-138

茅台商城专享
注：有2014年9月2日/2013-147

贵州

2011年中国（贵州）国际酒类博览会纪念酒
注：有2011年8月14日/2010-102

2013年第三届中国（贵州）国际酒类博览会纪念
注：有2013年10月8日/2012-170

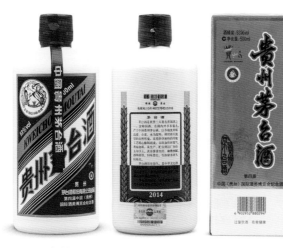

2014年第四届中国（贵州）国际酒类博览会纪念酒
注：有2014年9月2日/2013-147

2015年第五届中国（贵州）国际酒类博览会纪念酒
注：有2015年9月2日/2015-028

2016年第六届中国（贵州）国际酒类博览会纪念酒
注：有2016年9月6日/2016-084

2017年第七届中国（贵州）国际酒类博览会纪念酒
注：有2017年8月18日/2017-025

2018年第八届中国（贵州）国际酒类博览会纪念酒
注：有2018年9月6日/2018-026

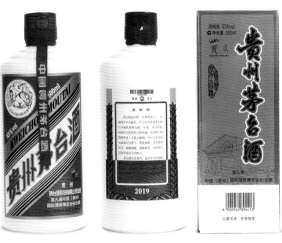

2019年第九届中国（贵州）国际酒类博览会纪念酒
注：有2019年8月27日/2019-008

2020年第十届中国（贵州）国际酒类博览会纪念酒
注：有2020年9月3日/2019-166

FAST落成启用纪念
注：有2016年9月20日/2016-088

遵义茅台机场纪念
注：有2017年9月27日/2017-047

2016年第十一届贵州旅游产业发展大会纪念
注：有2016年4月15日/2015-148

博览会

2011年金砖国家领导人第三次会议中国海南三亚纪念珍藏
注：有2011年11月2日/2009-08

2011年博鳌亚洲论坛十周年纪念珍藏
注：有2011年10月31日/2009-08

2008年博鳌亚洲论坛指定用酒
注：有2008年4月2日/2007-15

2012年博鳌亚洲论坛年会指定用酒
注：有2012年12月25日/2012-077

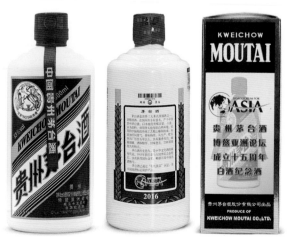

2016年博鳌亚洲论坛成立十五周年
注：有2016年3月16日/2015-138

2017年中国国际酒业博览会
注：有2017年3月10日/2016-160

2004年中国-东盟博览会专用酒750ml
注：有2004年9月1日/2004-02

2008年第五届中国-东盟博览会专用750ml
注：有2008年10月7日/2008-09

2009年第六届中国-东盟博览会专用750ml
注：有2009年9月29日/2009-07

2010年第七届中国-东盟博览会专用750ml
注：有2010年9月27日/2009-25

2011年第八届中国-东盟博览会专用750ml
注：有2011年10月18日/2010-121

2012年第九届中国-东盟博览会专用750ml
注：有2012年9月6日/2012-019

博览会

2013年第十届中国–东盟博览会专用500ml
注：有2013年9月4日/2013–151

2016年第13届中国–东盟博览会纪念500ml
注：有2016年9月8日/2016–085

2017年第14届中国–东盟博览会纪念500ml
注：有2017年9月8日/2017–038

2018年第15届中国–东盟博览会纪念500ml
注：有2018年9月6日/2018–027

中国–亚欧博览会
注：有2018年1月16日/2017–099

首届中国国际进口博览会纪念
注：有2018年11月1日/2018–051

高尔夫

2009年高尔夫会员酒53%vol / 43%vol
注：有2009年12月2日/2009-09（2005年开始）

2012年高尔夫会员酒
注：有2012年1月12日/2011-022

2018年高尔夫会员酒
注：有2018年5月16日/2017-152

高尔夫礼品500ml（带酒版）
注：有2006年12月28日/2006-14

高尔夫贵州茅台酒90ml
注：有2005年9月6日

高尔夫贵州茅台酒90ml
注：有2011年10月14日/2010-110

文化酒

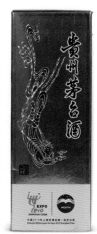

香溢五洲
注：有2021年6月18日/2020-117

世博会指定用酒
注：有2010年9月15日/2009-25

2006年专卖店特制礼盒500ml×2
注：有2006年10月26日/2006-14

珍品375ml

专卖店43%vol 500ml
注：有2004年9月18日/2004-11

喜宴（红）43%vol 500ml

喜宴（白）43%vol 500ml

金色

绛色

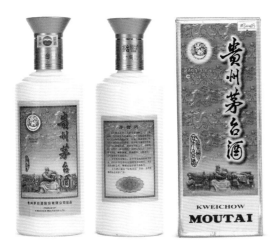

专卖店53%vol 500ml

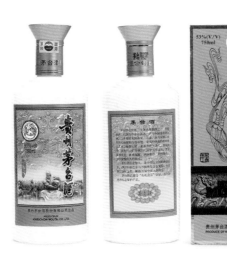

专卖店53%vol / 43%vol 750ml

文化酒

53%vol 1.5L／3L／6L

53%vol／43%vol 1.3L

53%vol／43%vol 1L

53%vol／43%vol 900ml

53%vol／43%vol 880ml

53%vol 750ml

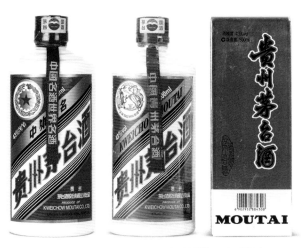

43%vol／38%vol 500ml（五星牌／飞天牌）

珍藏475ml
注：有2015年9月16日/2015-032、2015年10月22日/2015-047
2016年11月26日/2016-116

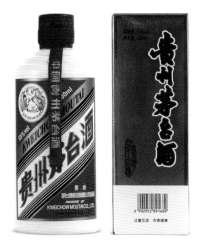

53%vol／43%vol 400ml

53%vol 375ml

53%vol 250ml

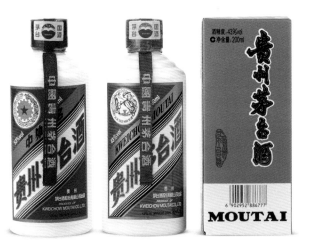

53%vol／43%vol 200ml（五星牌／飞天牌）

文化酒

国家标准样品500ml+50ml
注：有2006年10月26日

2002年国家标准样品53%vol 200ml+43%vol 200ml+38%vol 200ml

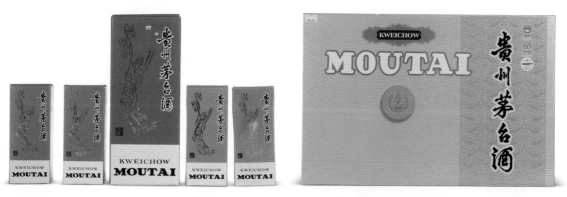

二件套500ml+50ml×4（2002年开始）

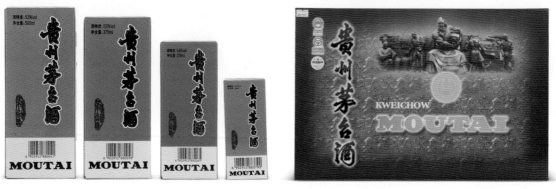

四件套500ml+375ml+200ml+50ml（2002年开始）

出口茅台
注：有2019年3月27日/2018-123

53%vol 500ml（出口韩国）
注：有2009年5月7日/2008-07

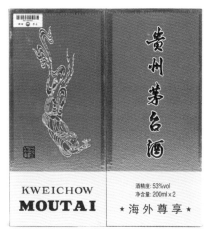

海外尊享200ml×2
注：有2017年12月6日、2019年8月15日/2018-167

2005年 15年陈年375ml
注：有2005年10月18日/2004-02
　　2006年10月26日/2006-02

2005年 30年陈年375ml
注：有2005年10月19日/2004-01

文化酒

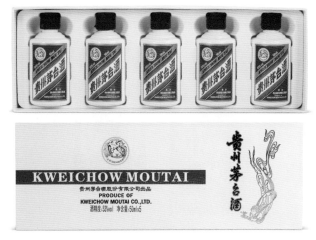

贵州茅台酒-白50ml×5

贵州茅台酒-金50ml×5

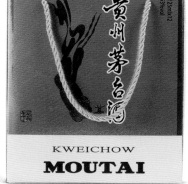

2006年（38%vol 225ml）×2

贵州茅台酒125ml×12

财神礼盒（33%vol 500ml）×2

财神礼盒（33%vol 500ml）×2

财神33%vol 500ml

音乐33%vol 500ml

寿星33%vol 500ml

1704礼盒33%vol 500ml

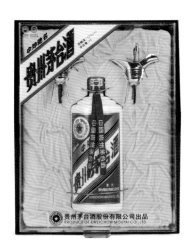

33%vol礼盒1L装
注：有2006年12月15日/2006-04

1704 礼盒（33%vol 500ml）×2

文化酒

金桂叶蓝瓶
注：有2017年3月21日/2016-161

蓝瓶（小批量勾兑）
注：有2016年3月31日/2015-138

青印
注：有2016年10月10日/2016-092

玫瑰金
注：有2016年8月31日/2016-081

中国龙
注：有2019年10月11日/2019-027

茅台-金
注：有2015年12月12日/2015-080

粤
注：有2018年10月10日/2018-051

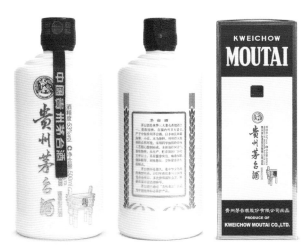

豫鼎中原
注：有2018年10月8日/2018-042

金桂叶2.5L
注：有2016年12月2日/2016-119

2003～2004年贵宾 500ml

礼宾
注：有2017年3月7日/2016-159

约2005～2013年浮雕木珍（礼盒）
注：有2005年12月30日/2005-01
2008年7月30日/2008-01
2013年3月11日/2012-011

文化酒

国酒书画院用酒

红星闪烁500ml（小批量勾兑）

新世纪

贵州茅台酒43%vol 680ml

贵州茅台酒53%vol 1680ml（2005年签字证书）

贵州茅台酒53%vol 1.68L（2020年证书）

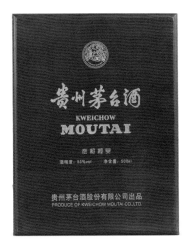

世纪经典（约2006～2009年）

世纪经典（约2011～2020年）

2006～2020年盛世国藏

2009～2018年贵宾礼盒（金龙）

2013～2014年贵宾（红色烤漆）

珍品（金龙）2010～2013

品鉴酒

2012年员工品鉴53%vol 500ml

2016年员工品鉴53%vol 500ml
注：有2016年1月27日/2015-107

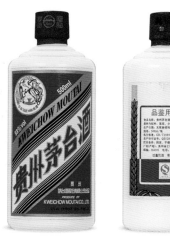

2017年员工品鉴用酒53%vol 500ml
注：有2017年1月13日/2016-147

2018年员工品鉴用酒53%vol 500ml
注：有2018年2月2日/2017-111

2019年员工品鉴用酒53%vol 500ml
注：有2019年1月21日/2018-099

2020年员工品鉴用酒53%vol 500ml
注：有2020年1月3日/2019-093

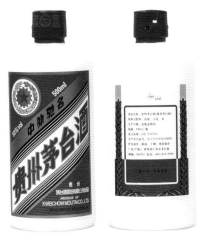

2021年员工品鉴用酒53%vol 500ml
注：有2021年1月22日/2020-055

大区业务品鉴53%vol 500ml
注：有2017年5月25日/2016-171

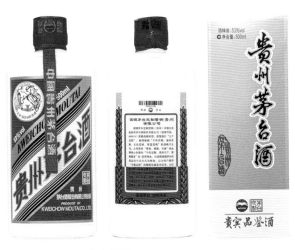

贵宾品鉴53%vol 500ml
注：有2018年9月11日/2018-029

仅供品鉴43%vol 375ml
注：有2019年10月11日/2019-027

仅供品鉴53%vol 375ml
注：有2016年12月5日/2016-119

2019年喜宴仅供品鉴（红43%vol 375ml）
注：有2019年10月10日/2019-027

纪念酒（一）

"伟大领袖毛泽东诞辰120周年"
限量发行12000瓶
注：有2013年11月28日/2013-003

"纪念毛泽东诞辰120周年"
限量发行18930瓶
注：有2013年12月26日/2013-062

"人民领袖毛泽东诞辰120周年"
限量发行25000瓶
注：有2013年12月18日/2013-038

"开国领袖毛泽东诞辰120周年"
限量发行19490瓶
注：有2013年12月2日/2013-023
2014年1月2日/2013-043

毛新宇 纪念敬爱的爷爷诞辰120周年
注：有2017年11月8日/0000-000

2014年纪念毛泽东诞辰121周年
注：有2014年11月12日/2014-039、12月12日/2014-052、12月26日/2014-061

为人民服务 毛泽东
注：有2016年4月23日/2015-152

纪念酒（一）

国酒之父（小批量勾兑）
注：有2016年6月21日/2015-081、8月15日/2015-082
8月26日/2015-082、10月7日/2015-083、2017年7月26日
/2016-110、8月1日/2016-110、8月8日/2016-110

2015-2016年 一代伟人周恩来（小批量勾兑）
注：有2015年5月12日/2014-054、5月13日、5月27日/2014-054
6月29日/2014-16、7月2日/2014-161、7月22日/2014-161
2016年7月18日/2015-082、7月28日/2015-082

陈毅元帅诞辰110周年纪念酒
注：有2011年4月25日/2009-08、2013年6月20日/2012-011

仲弘公益
注：有2018年12月27日/2017-013

陈毅元帅诞辰110周年纪念
注：有2015年11月13日/2015-065

纪念许世友将军诞辰100周年
注：有2007年2月7日／2006-01、5月23日／2006-01

纪念一代名将许世友（珍藏）
注：有2009年2月26日／2008-01

敬献一代名将（珍藏）
注：有2011年1月6日／2000-08、12月23日／2010-141
2012年3月23日／2011-001、10月30日／2011-108

纪念酒（一）

为纪念孙中山先生特制2.5L（特制陈酿，限量2011樽）
注：有2011年12月31日/2010-141

收藏证书内容如下：

　　贵州茅台酒——限量版2.5升"总统府"珍藏酒，系贵州茅台酒股份有限公司为纪念辛亥革命100周年，缅怀伟大的民主革命先行者孙中山先生选用陈年贵州茅台酒特制而成，全球限量2011樽（编号为0001～2011）。

　　1915年，茅台酒荣获巴拿马万国博览会金奖而享誉全球。开国总理周恩来亲定贵州茅台酒为国宴第一用酒走进了中南海。1972年，尼克松访华期间，曾被这纯净透明、醇香浓郁的茅台酒迷住了。国酒茅台以唯我独尊的酿造工艺和茅台人"崇本守道，不挖老窖"的质量理念，结合不可复制的传统酿酒工艺将国酒茅台载入世界非物质文化遗产。

　　茅台酒以永恒不变的高品质续载着白酒的传奇，孙中山先生以"天下为公，世界大同"的伟大胸怀名垂史册，用"总统府"来典藏这厚世永存的"甘露"，实为我中华文化的千年积淀，具有至尊之上的国酒收藏价值。

百年巨匠张大千500ml（50年特酿）
注：有2012年6月15日/2011-002

收藏证书内容如下：

　　张大千是当今世界最具盛名的中国画大师，现代中国文化艺术史上百科全书式的伟大巨匠！

　　百年茅台——百年巨匠，以名贵红木为包装，以大千先生著名山水画为背景，著名书画家沈鹏、欧阳中石、邵华泽、邓林、张瑞龄题写"百年巨匠"。贵州茅台酒股份有限公司精心特制贵州茅台酒，以纪念百年巨匠张大千。

百年巨匠张大千纪念酒
注：有2012年3月6日/2010-141

纪念酒（一）

孔子学院专用酒五星牌（乳白瓶）
注：有2012年9月24日/2012-024

孔子学院专用酒飞天牌（带杯）
注：有2011年10月29日/2010-140

2010~2018年孔子纪念酒诞辰2561年
注：有2010年8月17日/2009-24

王西京先生专用酒1L
注：有2008年10月13日/2008-09

敬贺万里同志华诞一百周年
注：有2016年10月24日/2016-097

祝贺第七届全国人大常委会委员长万里九五大寿
2011年11月29日/2010-145

黄永玉先生90寿诞500ml

黄永玉先生90寿诞2.5L

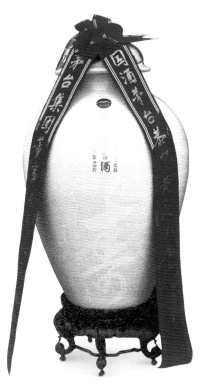

黄永玉先生90寿诞45L

侯德昌从艺60周年纪念2.5L
注：有2018年12月25日/2018-077

纪念酒（一）

酒界泰斗"秦含章"先生109岁寿辰珍藏
注：2016年12月2日/2016-119

秦含章先生110岁寿辰珍藏
注：2016年12月12日/2016-124

季克良先生定制
注：2018年5月16日/2016-018

季克良先生八十寿辰
注：2017年11月24日/2017-069

成龙（特制陈酿）
注：有2013年4月10日/2012-011

张艺谋专属定制
注：有2015年1月12日/2014-073

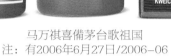

马万祺喜備茅台歌祖国
注：有2006年6月27日/2006-06

马万祺喜備茅台歌祖国
注：有2011年11月11日/2010-131

马万祺喜備茅台歌祖国
注：有2015年4月13日/2014-127

马万祺喜備茅台歌祖国（小标酱瓶）
注：有2018年11月15日/2016-174

2014年翔鸽尊享
注：有2014年7月2日/2013-152

纪念酒（一）

诗文墨宝毛国典（单瓶装）
（附有中国书法真迹作品一幅）
注：有2013年8月15日/2012-137

诗文墨宝毛国典×2（附有中国书法真迹作品一幅）
注：有2013年8月15日/2012-137

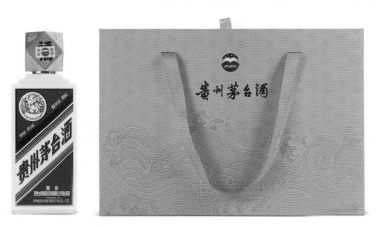

2017年范曾大师沧海行－八仙过海图500ml×8
注：有2017年7月3日/2016-180
2017年9月5日/2017-038、2017年9月9日/2017-038

2017年范曾大师八十寿辰纪念
纪念范曾大师从艺六十年
500ml神翁驯虎图
注：有2017年9月9日/2017-038

2017年范曾人师八十寿辰纪念
纪念范曾大师从艺六十年40L
注：有2017年9月15日/2017-039

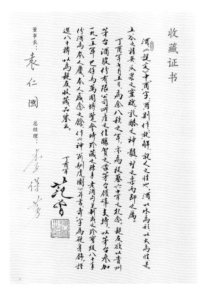

收藏证书

2017年范曾大师八十寿辰纪念
注：52%vol 500ml八十年陈酿限量80樽
注：有2017年9月15日/2011-001

收藏证书内容如下：

酒，《说文》中"酉"字。"酉"则作就解，就人之性也。酒以水为形，以火为性，是五谷精英，瓜果之灵魂，乳酪之神髓，望之柔而即之属。

丁酉年七月五日，为余八秋之年。亦为从艺六十年之纪念。亲友欲以贵州茅台酒股份有限公司所产之佳酿贺之。蒙茅台领导支持，以茅台参加一九一五年巴拿马万国博览会时珍藏之陈年老酒勾兑制成之珍宝级八十年份酒为本人庆。本人感念之余，作《神翁训虎图》并书寿为瓶身饰之。谨选八十樽以为亲友收藏品鉴云。

纪念酒（一）

刘剑锋（铁盖）
注：有2003年9月16日/2003-02

常忠义、张晓寅夫妇为女儿常雨收藏酒
注：有2004年6月25日

刘健先生定制
注：有2005年1月8日/2014-10

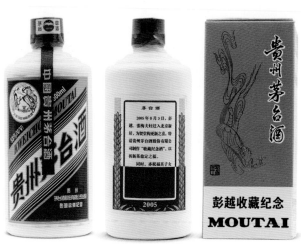

彭越收藏纪念
注：有2005年8月3日/2005-07

王立山先生个人收藏
注：有2013年8月26日/2012-143

坦桑尼亚联合共和国第五任总统约翰·庞贝·约瑟夫·马古弗利
注：有2016年6月13日/2016-031

坦桑尼亚联合共和国总理马贾利瓦·卡西姆·马贾利瓦
注：有2016年6月13日/2016-031

阿尔巴尼亚共和国财务部部长经济顾问办公室尊享
注：有2018年1月27日/2017-108

阿尔巴尼亚共和国财务部部长经济顾问办公室尊享-酱瓶
注：有2018年1月25日/2016-018

纪念酒（二）

2013年中国国家博物馆
注：有2013年9月10日/2012-154

中国国家博物馆
注：有2018年10月9日/2018-042

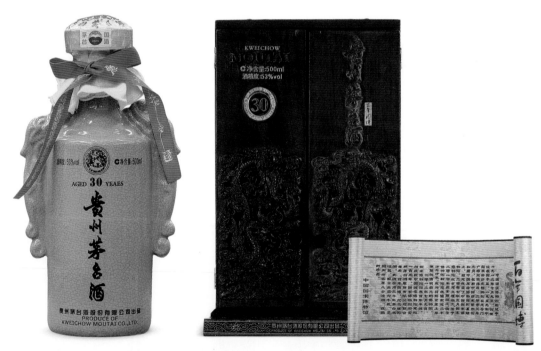

百年国博30年珍藏酒（限量6000瓶）
注：有2012年12月28日/2012-001

收藏证书内容如下：

中国国家博物馆始建于一九一二年七月九日，馆址设在国子监。一九五九年中国革命历史博物馆在天安门广场东侧落成。二零零三年二月，在原中国历史博物馆和原中国革命博物馆的基础上，组建成立了中国国家博物馆。二零零七年三月国家博物馆改扩建工程动工，并于二零一零年底全面竣工。国家博物馆新馆建筑面积近二十万平方米，成为目前世界上单体建筑面积最大的博物馆。

二零一二年七月九日，国家博物馆迎来百年华诞。为庆祝中国国家博物馆建馆一百周年，国家博物馆与贵州茅台酒股份有限公司联合推出"百年国博"纪念版馆酒，此酒采用三十年茅台酒灌装，限量出品六千瓶。是国内外各界人士馈赠、收藏的珍品。

通州建市十周年特制（30年陈年）
注：有2003年4月8日/2001-02

通州建市十周年特制（50年陈年）
注：有2003年4月8日/2001-02

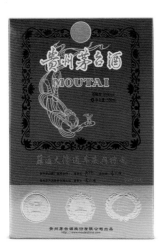

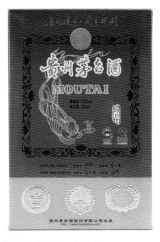

苏通大桥通车庆典特制（珍品）
注：有2008年4月26日/2008-03

通州建市十周年特制（珍品）
注：有2006年10月4日/2006-10

2014年成都糖酒会纪念
注：有2014年3月12日/2013-094

2014年秋季糖酒会纪念酒
注：有2014年9月24日/2014-011

纪念酒（二）

中国2010年上海世博会唯一指定白酒—50年陈酿珍藏500ml（限量2010樽）

注：有2010年11月22日/2009-04

收藏证书内容如下：

1915年贵州茅台酒远渡重洋到旧金山参加巴拿马万国博览会，参展人员将古朴陶瓶装的茅酒机智的一摔，酒香四溢，飘出了茅台酒的国际金奖和美名远扬……

为庆祝2010年世界博览会首次在中国举办，为纪念九十五年前世博驰誉的悠远历史，贵州茅台酒股份有限公司作为上海世博会唯一白酒行业的高级赞助商、世博会唯一指定白酒，特限量发行2010樽"2010年上海世博会五十年陈酿（珍藏）贵州茅台酒"。珍藏酒选用50年陈酿茅台酒，外包装花梨木酒盒借鉴2010年上海世博会中国馆的造型，浓缩了中国古建筑榫卯结构严谨而极富美感的智慧。蕴涵五十载岁月精华的陈酿茅台酒被置于有7000年制陶历史的宜兴陶瓶中，瓶身沿用传统开片烧制工艺，釉面形成的冰裂纹素净典雅。瓶肩处加入2010年上海世博会吉祥物海宝的形象，瓶盖为浓缩的世博会中国馆造型。整樽纪念酒融合了中国传统文化与世博会元素，极富收藏价值。

中国名山15L
注：有2020年9月25日/2019-174

灵猴献瑞15L
注：有2016年12月10日/2016-123

北京国际电影节纪念500ml（特制陈酿）

元青花7.5L
注：有2020年6月5日/2018-083

纪念酒（二）

一带一路500ml

丝绸之路（红1.5L／2.5L／5L）
注：有2015年12月28日／2015-092（1.5L）

丝绸之路（黑1.5L／2.5L／5L）
注：有2015年12月26日／2015-091（1.5L）

茅台日纪念500ml
注：有2017年11月28日/2015-057

茅台日纪念2.5L
注：有2020年5月21日/2018-083

茅台日纪念700ml
注：有2017年11月29日/2017-070

茅台日纪念2.5L
注：有2017年10月21日/2017-053

美国旧金山茅台纪念日375ml
注：有2018年8月11日/2018-010

美国旧金山茅台纪念日375ml
注：有2018年8月20日/2018-016

纪念酒（二）

2012年上海合作组织成员国元首理事会会议999ml（特制陈酿）
注：有2012年10月8日/2012-001

收藏证书内容如下：

2001年，上海合作组织在中国上海诞生。自诞生以来，上海合作组织努力践行"互信、互利、平等、协商、尊重多样文明、谋求共同发展"的"上海精神"，为促进本地区和平、稳定、发展发挥了重要作用，为建设持久和平、共同繁荣的和谐世界作出了积极贡献。

2012年是上海合作组织第二个十年的开局之年，上海合作组织成员国元首理事会会议在中国北京举行。这次北京峰会肩负继往开来的历史使命，全面总结过去十年成功经验，明确提出今后十年发展目标，推动上海合作组织成为和谐和睦的家园、安全稳定的保障、经济发展的引擎、国家交往的平台，其意义重大而深远。

为旌表上海合作组织的历史功绩、昭示上海合作组织的美好前景，中国国酒茅台愿担纲友好合作使者，特选用30年茅台陈酿，推出"上海合作组织北京峰会茅台纪念酒"以铭此盛会，襄此盛事。本纪念酒限量出品2012瓶，表示北京峰会于2012年举行；每瓶装茅台酒999毫升，象征上海合作组织各成员国友谊长久；包装饰以长城、祥云、游龙等中国元素图案，寓意中国是上海合作组织健康发展的坚定推动者。酒浓情深，愿君珍藏。

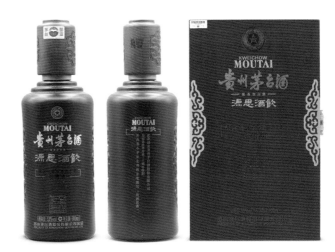

纪念中国人民抗日战争暨世界反法西斯战争胜利70周年
注：有2015年10月31日/2015-054、11月13日/2015-065

饮酒思源–纪念改革开放三十年珍藏版
注：有2010年5月17日/2009-08

圆梦中国珍藏版999ml×2
注：有2014年11月1日/2014-037

美酒之最1.5L
注：有2017年2月22日/2016-157

美酒之最2.5L
注：有2017年2月22日/2016-157

定制酒（一）

中国企业家酒
注：有2014年7月8日/2013-027

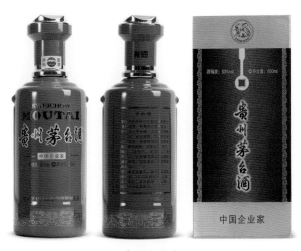

中国企业家
注：有2018年8月10日/2018-010

《中国企业家》创刊25周年
注：有2011年2月24日/2010-054

2016年中欧企业家峰会
注：有2016年11月11日/2016-103

2018年典藏500ml

2018年典藏1L

恒大集团尊享
注：有2017年7月5日/2016–180

恒大集团专用
注：有2013年12月27日/2013–050

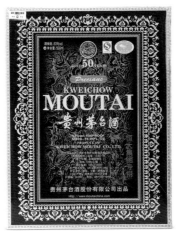

恒大集团专用（50年陈年）

恒大集团专用（15年陈年）

恒大集团专用（30年陈年）

定制酒（一）

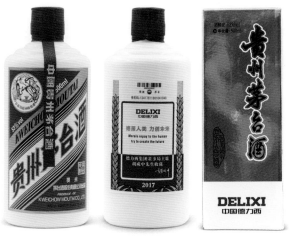

德力西集团董事局主席胡成中先生收藏
注：有2017年11月4日/2017-061

德力西董事局主席胡成中先生收藏
注：有2014年1月17日/2013-059

中国德力西30周年庆典
注：有2014年1月16日/2013-055

德力西电气 庆典珍藏酒
注：有2015年1月21日/2014-082

德力西集团
注：有2006年12月15日/2006-13

吉利控股集团500ml
注：有2007年1月10日/2005-14

吉利控股集团董事长李书福先生收藏500ml
注：有2005年12月22日/2005-14

吉利控股集团董事长李书福先生收藏1L
注：有2016年9月10日/2016-085

吉利控股集团董事长李书福先生收藏200ml
注：有2016年1月12日/2017-098

吉利控股200ml
注：有2014年4月3日/2013-105

定制酒（一）

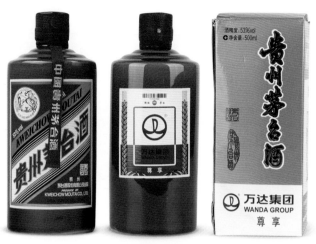

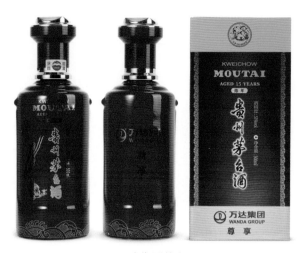

万达集团尊享
注：有2018年12月8日/2016-177

万达集团尊享
注：有2019年1月15日/2018-007

复星尊享　典藏陈酿
注：有2014年2月27日/2012-086

天沐堂尊享
注：有2017年9月14日/2017-040

2015年申城老外滩（小批量勾兑）
注：有2015年9月18日/2015-033

2015年申城老外滩（小批量勾兑）
注：有2015年9月18日/2015-033

武汉中百53%vol
注：有2004年11月9日/2004-06

武汉中百43%vol（带杯）
注：有2005年12月7日/2005-14

江苏五星建设集团
注：有2013年8月13日/2012-136

德胜专用
注：有2005年4月27日/2005-03

中新南京生态科技岛专用
注：有2012年5月2日/2011-048

深商尊享
注：有2018年7月19日/2017-176

定制酒（一）

香港侨福建设集团（尊享）B
注：有2015年9月15日/2015-032

香港侨福建设集团专用
注：有2012年7月12日/2012-002

缘-南京大学EMBA季克良
注：有2015年4月22日/2014-135

国金中心定制
注：有2014年10月29日/2014-026

福到万家
注：有2015年7月6日/2014-119

2012年工合
注：有2012年5月21日/2011-056

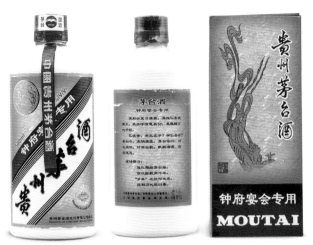

2006年钟府宴会专用（小批量勾兑）
注：有2006年3月2日/2006-02

钟府宴会尊享（小批量勾兑）
注：有2016年1月8日/2015-097

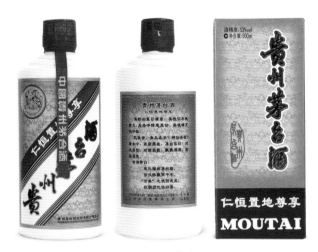

仁恒置业尊享
注：有2016年1月19日/2015-102

楼府尊享
注：有2017年12月2日/2017-070

陈府尊享 陈酿/特制520ml
注：有2015年1月5日/2012-088（陈酿）
2016年4月9日/2015-144、8月17日/2016-073（特制）

定制酒（二）

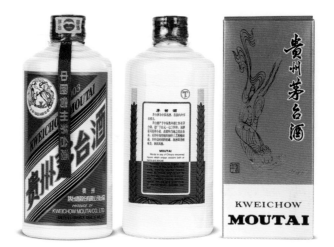

铁盖

注：有2003年6月30日/2002-02

铁盖

注：有2004年5月25日/2003-02

2005年铁盖

注：2005-2010年无批次
2005、2006年铁盖颜色偏浅

注：2005–2010年无批次

2007年铁盖

注：2010年前，瓶盖顶部有圆弧
导角，如箭头所示。
2005–2010无批次

2008年铁盖

注：有2011–01/2011–005
2012–001/2013–002
2013–004/2013–005
2015–001/2015–002
2016–001/2016–003
2010年开始，大部分瓶盖顶部圆弧
导角不明显，如箭头所示。
2009年3月以后，背标有"＋"符号。

2009～2016年铁盖

定制酒（二）

注：有2003年5月26日/2002-02
6月3日/2003-01
9月2日/2003-01
2004年3月30日/2003-03
9月16日/2003-01
不带金字
2003年6月3日/2003-01

2003～2004年人民大会堂（金字大头盖/不带金字大头盖）

注：有2004年9月29日/2003-01
2005年2月21日/2004-01
6月15日/2004-01

2004～2005年人民大会堂（红瓶大头盖）

注：有2005年6月15日/2004-01
12月8日/2005-01
2006年3月30日/2005-01
9月20日/2005-01

2005～2006年人民大会堂（大头盖）

注：有2006年11月15日/2006-01
2007年4月3日/2006-01
5月7日/2006-01
6月29日/2006-01
9月21日/2007-01
2008年2月26日/2007-01
5月27日/2008-01
5月28日/2008-01
5月29日/2008-01
7月29日/2008-01
12月30日/2008-01

2006～2008年人民大会堂

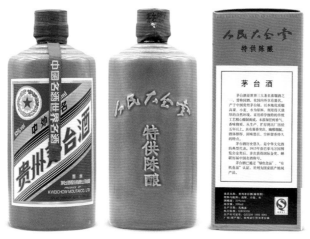

注：有2009年6月11日/2009-01
7月24日/2009-01
10月27日/2009-01
2010年1月7日/2007-17
4月23日/2009-08
5月26日/2009-08
2011年1月15日/2009-08
5月12日/2009-08
8月16日/2009-08
9月17日/2009-08
2012年4月1日/2010-141
5月25日/2010-143
10月27日/2011-108
12月12日/2012-041
2015年6月18日/2012-088
6月27日/2013-068

2009～2012年、2015年人民大会堂

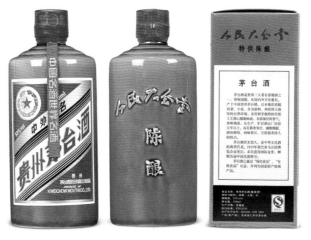

注：有2013年4月22日/2012-011
5月24日/2012-011
6月20日/2012-011
2014年1月17日/2012-086
2月18日/2012-086
10月16日/2012-088
2015年3月20日/2012-088
2016年1月19日/2014-121
5月31日/2014-121
9月23日/2014-121
11月19日/2014-121

2013～2014年、2016年人民大会堂陈酿

定制酒（二）

注：有2017年9月29日/2015-057
　　　2018年9月10日/2016-020
　　　2019年6月21日/2017-113
　　　2020年8月19日/2008-133
　　　　　9月7日/2008-134
　　　　　9月17日/2008-134

陈酿

注：有2015年9月29日/2014-121
　　　　 10月16日/2014-121
　　　　 10月28日/2014-121
　　　2016年7月9日/2014-121
　　　　　9月6日/2014-121

2015～2016年人民大会堂陈酿2.5L

注：有2009年8月21日/2009-01

2009年人民大会堂五十周年珍藏（750ml）1959～2009年
为纪念人民大会堂建成50周年特别制作人民大会堂50周年珍藏贵州茅台酒

2003年、2007年国宴专用（大头）

注：有2003年5月22日/2002－02
6月3日/2003－01
12月30日/2003－01
12月30日/2002－14
2007年9月11日/2007－01

2007～2008年国宴专用

注：有2007年9月11日/2007－01
2008年5月28日/2008－01
12月30日/2008－01

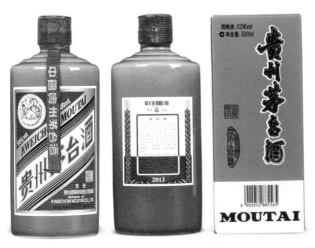

2010～2014年国宴专用

注：有2010年4月27日/2009－08
8月17日/2009－08
2011年7月15日/2009－08
12月17日/2010－141
2012年12月11日/2012－041
2013年1月8日/2012－025
1月15日/2012－088
1月16日/2012－025
1月17日/2012－064
1月21日/2012－064
1月28日/2012－064
2月3日/2012－082
2月8日/2013－069
3月2日/2013－068
9月26日/2012－086
10月18日/2012－176
12月25日/2012－086
2014年3月26日/2012－086

定制酒（二）

注：有2017年1月20日/2015-053
1月21日/2015-053

匠心茅台

注：有2013年1月24日/2012-064
2月4日/2012-082

精品（2013年至今）

注：有2006年7月28日/2005-01
2007年4月3日/2006-01
2008年3月19日/2007-01
2009年4月29日/2008-01

2006～2009年全国人大会议中心

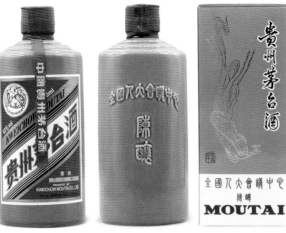

注：有2009年10月10日/2009-01
　　12月31日/2007-17
　　2010年5月18日/2009-08
　　2011年2月13日/2009-08
　　2012年2月27日/2010-141
　　10月19日/2011-108
　　2013年2月27日/2012-011
　　2014年2月14日/2012-086

2009～2014年全国人大会议中心陈酿

茅台陈酿
注：有2017年11月17日/2015-057
　　2019年6月29日/2017-114

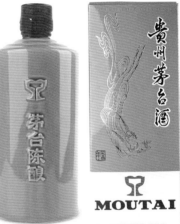

茅台陈酿
注：有2020年10月21日/2018-134、10月22日/2018-134

2011年全国人大会议中心特制560ml（陈酿）
注：有2011年6月28日/2009-08（为纪念全国人大会议成立十五周年，
　　特选用贵州茅台酒精酿而成，限量定制，极具收藏价值）。

定制酒（二）

注：有2010年6月28日/2010-02
2011年8月19日/2011-01
2012年5月16日/2011-001
（外盒标注）

15年陈年全国政协宴会

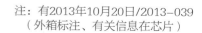

注：有2013年10月20日/2013-039
（外箱标注、有关信息在芯片）

2013年VA（白瓶）

注：有2013年9月18日/2012-011
（外箱标注）

VA（酱瓶）

注：有2006年2月8日/2006-01
　　　　4月18日/2006-04
　　　　9月21日/2006-10
　　2007年1月31日/2007-05
　　　　2月9日/2007-06
　　　　4月28日/2007-09
　　　　12月27日/2007-16
　　2008年11月19日/2008-12
　　　　12月30日/2008-21

2006～2008年全国政协宴会（大背标 蓝章）

注：有2009年1月4日 /2008-16
　　2010年2月2日 /2009-21
　　　　12月28日 /2010-57
　　2012年9月24日 /2012-024
　　　　10月12日 /2012-029

2009.～2012年全国政协宴会（酱瓶）

注：有2009年9月23日/2009-07
　　2010年1月18日/2009-20
　　　　5月25日/2009-13
　　2011年1月18日/2010-44
　　2012年1月13日/2011-022

2009～2012年全国政协宴会（小背标 黄章）

定制酒（二）

注：有2013年2月1日/2012-076

QGZXYH

注：有2013年9月14日/2012-156

QGZXYH

注：有2014年12月31日/2014-063
2015年7月8日/2014-158
7月20日/2015-004
2016年4月8日/2015-142
10月13日/2016-092

ZX YJ

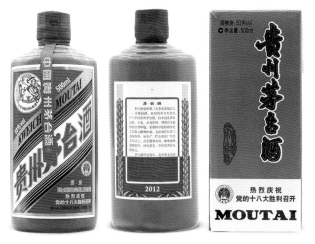

注：有2012年10月29日/2011－108

热烈庆祝党的十八大胜利召开

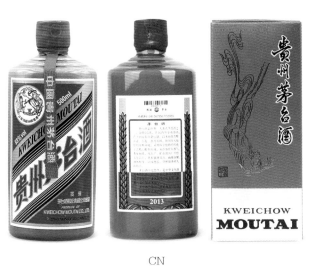

注：有2013年9月18日/ 2012－011
（外箱标注）

CN

注：有2011年8月23日/2009－08
2012年6月18日/2010－143

2011～2012年中共中央党校专用（在瓶底）

定制酒（二）

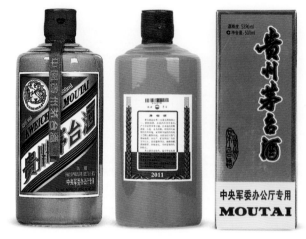

注：有2009年5月12日/2008-06
12月30日/2009-20
2010年1月28日/2009-20
5月3日/2009-29
10月28日/
2011年7月4日/2010-82
2012年2月28日/2011-030
6月4日/2011-058
2013年2月6日/2012-079
3月21日/2012-089
5月16日/2012-100

2009～2013年中央军委办公厅专用

注：有2013年6月18日/2012-109
6月27日/2012-112
2014年6月16日/2013-061

2013年～2014年★★★★★

注：有2006年10月26日/2006-01
2007年10月25日/2007-01
2008年8月21日/2008-01

2006～2008年八一陈酿（白膜）

注：有2009年5月11日/2008-01
　　2010年6月24日/2009-08
　　2011年6月27日/2009-08
　　2012年8月15日/0000-00
　　　　9月20日/2011-108
　　2013年12月26日/2012-096
　　2014年8月1日/2012-088
　　2016年9月9日/2014-121

2009~2014年八一陈酿（红膜）

注：有2016年3月3日/2014-121
　　　　10月7日/2014-121

2016年八一陈酿

注：有2017年4月21日/2015-055
　　　　12月22日/2015-059
　　2018年10月16日/2016-021

2017~2018年新八一陈酿

定制酒（二）

注：有2009年7月2日/2008-23
　2010年6月23日/2009-30
　11月23日/2010-27
　2011年6月28日/2010-80
　7月15日/2010-77
　2012年6月8日/2010-060
　八·一慰问
　2014年6月26日/2013-158
　2016年6月28日/2016-041

八·一慰问军队专用酒

注：有2005年6月30日/2005-01
　（在瓶底）

国务院管理局北戴河服务局暑期会议

注：有2005年12月30日/2005-15

国务院管理局北戴河服务局暑期会议

注：有2006年6月19日/2006-05
10月25日/2006-12
10月26日/2006-12
10月26日/2006-14
2007年6月12日/2007-02
2008年8月4日/2008-07

2006～2008年北戴河暑期

注：有2009年8月26日/2008-24
2010年6月25日/2009-30
2011年3月2日/2010-48
7月13日/2010-77
2012年5月30日/2011-058

2009～2012年北戴河暑期

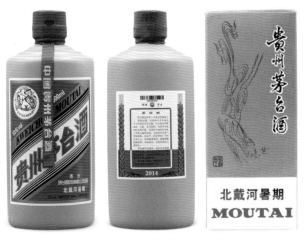

注：有2013年7月9日/2012-117
2014年12月12日/2014-052
12月25日/2014-079
2015年7月30日/2015-009
2016年4月15日/2015-147
8月27日/2016-081

2013～2016年北戴河暑期

定制酒（二）

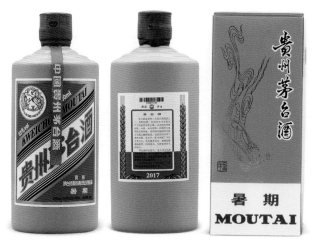

注：有2017年7月15日/2016-184
10月30日/2017-059
2018年5月15日/2017-152
9月10日/2018-029
2019年5月22日/2018-146
6月6日/2018-152
2020年5月30日/2019-144

2017~2020年暑期

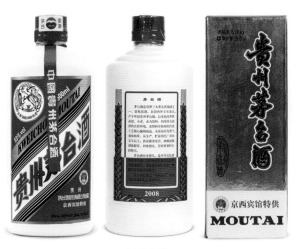

注：有2007年3月22日/2007-07
2008年1月8日/2007-14
2010年1月19日/2009-20
2011年6月29日/2010-76
2012年5月7日/2011-054
2013年1月16日/2012-069

京西宾馆

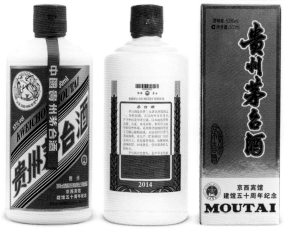

京西宾馆建馆五十周年纪念
注：有2014年2月26日/2013-090

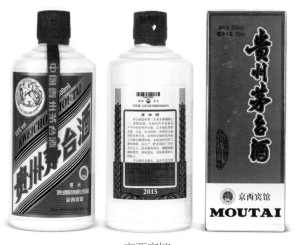

京西宾馆
注：有2009年9月10日/2009-06、2015年9月2日/2015-028
2016年3月30日/2015-139

注：有2015年10月10日/2015-038

京西宾馆

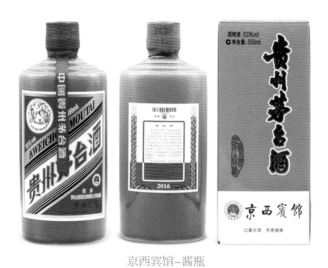

注：有2016年9月23日/2015-083
11月8日/2015-083
2017年5月5日/2016-110
6月8日/2016-110
9月14日/2016-111
2018年1月29日/2017-058

京西宾馆-酱瓶

京西宾馆（黑色字款）
注：有2016年9月5日/2016-83

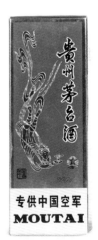

中国空军
注：有2004年12月31日/2004-01
2005年9月22日/2005-01、12月8日/2005-01

定制酒（二）

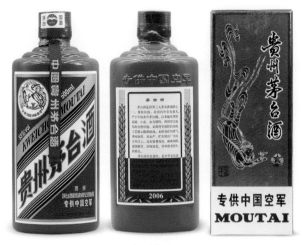

注：有2005年12月30日/2005-01
2006年4月14日/2006-04
7月26日/2006-08
10月20日/2006-10
2007年1月31日/2007-05
6月30日/2007-10
11月7日/2007-13
12月29日/2007-14
2008年1月13日/2007-15
4月28日/2008-03
6月21日/2008-04
2009年4月6日/2008-25

中国空军

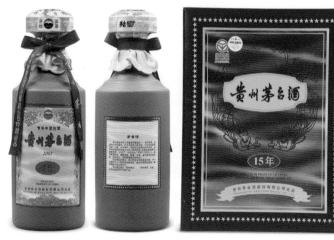

注：有2005年6月8日/2004-02

中国空军15年（酒盒不对应）

注：有2005年7月18日/2004-01

中国空军30年

注：有2009年9月1日/2008-25
10月26日/2009-10
10月27日/2009-10
2010年5月14日/2009-11
6月29日/2009-32
8月11日/2009-35
2011年3月23日/2010-55
6月17日/2010-75
7月18日
9月7日/2010-103
2012年1月4日/2011-004
6月12日/2011-060
12月28日/2012-006
2014年9月15日/2014-005
2015年4月10日/2014-129

中国空军

注：有2006年3月3日/2005-01
12月21日/2006-13
2007年12月27日/2007-16
2008年1月31日/2007-16
12月31日/2008-16

中国海军（前标特殊）

注：有2009年7月21日/2009-02
2010年2月3日/2009-23
2011年1月17日/2010-44
2012年2月7日/2011-017
5月22日/2011-056
2013年1月15日/2012-069

中国海军（前标特殊）

定制酒（二）

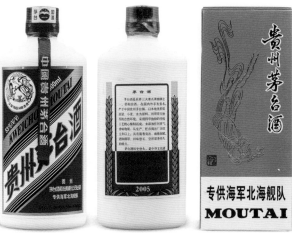

注：有2005年7月4日/2005-07
12月30日/2005-15
2006年7月27日/2006-08
2007年12月27日/2007-16
2008年2月2日/2007-16
2009年2月23日/2008-21

海军北海舰队

注：有2009年9月16日/2009-06
2010年8月10日/2009-35
2011年1月20日/2010-46
1月21日/2010-46
2012年3月27日/2011-031

北海舰队

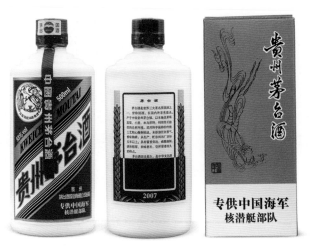

注：有2007年9月10日/2007-11
2008年5月15日/2008-03

中国海军核潜艇部队

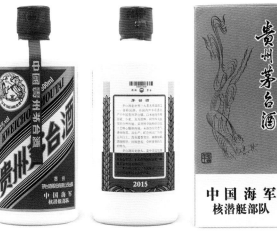

注：有2009年4月22日/2008—02
　　2010年5月26日/2009—18
　　2011年4月13日/2010—10
　　2012年8月30日/2012—017
　　2013年2月27日/2012—079
　　2015年12月16日/2015—086
　　2016年7月8日/2016—048
　　11月16日/2016—108

中国海军核潜艇部队

注：有2005年1月8日/2004—01
　　8月1日/2005—08
　　8月17日/2005—01
　　12月28日/2005—01
　　2006年3月23日/2005—01
　　8月8日/2006—08
　　11月22日/2006—13
　　2007年2月4日/2007—05
　　6月15日/2007—02
　　12月26日/2007—14
　　2008年1月14日/2007—15
　　4月2日/2007—15

北京军区

注：有2009年7月7日/2009—02
　　11月3日/2009—11
　　2010年4月2日/2009—27
　　6月22日/2009—30
　　9月1日/2009—21
　　2011年3月17日/2010—51
　　11月15日/2010—133

　　2012年5月15日/2011—055
　　9月5日/2012—018
　　12月28日/2012—066
　　2013年12月10日/2012—085

北京军区

定制酒（二）

注：有 2004年11月8日/2004–06
2005年3月24日/2005–01
10月10日/2005–01
11月2日/2005–01
2006年3月6日/2005–01
6月6日/2006–05
11月23日/2006–13
2007年2月7日/2007–06
4月16日/2007–09
11月22日/2007–13
2008年4月2日/2007–15
6月24日/2008–06

南京军区

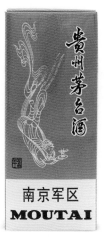

注：有2009年5月4日/2008–08
11月4日/2009–12
2010年4月12日/2009–27
7月7日/2009–32
2011年1月15日/2010–35
4月16日/2010–58
2012年4月24日/2011–052

南京军区

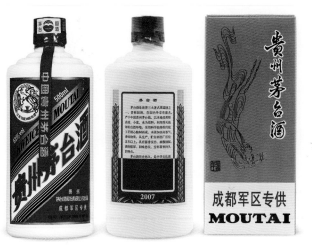

注：有2006年6月28日/2006–06
2007年3月19日/2007–07
6月19日/2007–10
6月20日/2007–10
2008年4月8日/2007–15
2009年3月3日/2008–22

成都军区

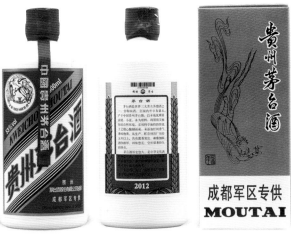

注：有2010年5月17日/2009-11
　　2011年7月5日/2010-82
　　2012年2月6日/2011-017
　　4月28日/2011-054

成都军区

注：有2005年11月23日/2005-07
　　2006年3月10日/2006-02
　　5月16日/2006-04
　　7月4日/2006-06
　　2007年2月6日/2007-05
　　6月19日/2007-10
　　2008年1月6日/2007-15
　　6月18日/2008-04

广州军区

注：有2009年6月18日/2008-26
　　11月17日/2009-13
　　2010年5月19日/2009-14
　　2011年1月19日/2011-44
　　7月1日/2010-81
　　2012年5月14日/2011-053
　　7月20日/2012-005

广州军区

定制酒（二）

沈阳军区

注：有2006年8月11日/2006-08
2007年2月3日/2007-05
7月6日/2007-10
2008年1月15日/2007-15
7月14日/2008-06
12月30日/2008-16

沈阳军区

注：有2011年2月14日/2010-041
2012年2月2日/2011-014
2013年1月17日/2012-069

沈阳军区53%vol／43%vol（五星带杯）

53%vol
注：有2009年12月31日/2009-19
43%vol
2009年7月7日/2008-37
2010年7月19日/2010-03
2011年7月4日/2011-05
2012年4月3日/2011-026
5月3日/2011-026

注：有2004年9月6日/2004-03
　　12月20日/2004-07
　　2006年5月9日/2006-04
　　2007年2月5日/2007-05
　　2008年1月13日/2007-15
　　1月17日/2007-15
　　4月17日/2008-03
　　2009年5月5日/2008-08
　　2010年1月28日/2009-21
　　2011年6月30日/2010-76
　　2012年4月27日/2011-047
　　2013年1月28日/2012-074

济南军区

注：有2013年7月25日/2012-125
　　9月22日/2012-160
　　2014年11月17日/2014-041
　　2016年12月17日/2016-136
　　2017年6月27日/2016-178
　　2018年5月17日/2017-152

五岳独尊

注：有2005年7月21日/2005-08
　　2005年7月22日/2005-08
　　（贴纸盖章版）
　　2005年9月8日/2005-10
　　（背标加蓝章）
　　2006年11月29日/2006-14
　　2007年12月26日/2007-14
　　2008年4月3日/2007-15
　　12月30日/2008-16

西北部队53%vol

定制酒（二）

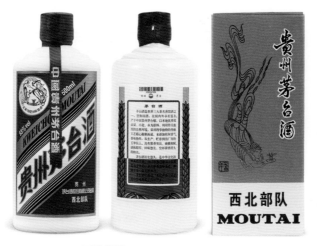

53%vol
注：有2009年11月18日/2009-13
2010年6月9日/2009-29
2011年2月16日/2010-43
2012年3月23日/2011-040
43%vol
2009年5月19日/2008-34
2010年6月10日/2009-20

西北部队53%vol／43%vol

注：有2009年9月14日/2009-06
2010年1月5日/2009-04
5月20日/2009-14
2011年3月30日/2010-57
7月15日/2010-77
2012年1月11日/2010-146
5月28日/2011-057

总装备部远望楼

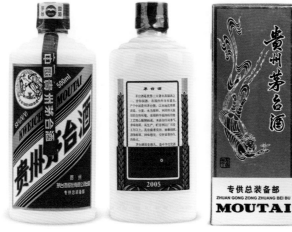

注：有2005年6月28日/2005-07
2007年4月10日/2007-03
7月5日/2007-10
2008年2月26日/2008-02
6月11日/2008-04
12月30日/2008-16

总装备部

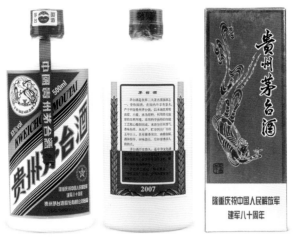

注：有2007年7月17/2007–10
7月18日/2007–10

2007年隆重庆祝中国人民解放军建军八十周年

注：有2006年4月19日/2006–04
9月8日/2006–09

中国人民解放军总医院

注：有2010年1月22日/2009–20
2011年7月6日/2010–85
2012年5月4日/2011–054

中国人民解放军总医院

定制酒（二）

注：有2007年6月27日/2007-10

内蒙古自治区60周年大庆

注：有2011年6月21日/2010-78

西藏和平解放六十周年

注：有2008年4月15日/2008-02

海南省建省20周年

注：有2008年7月31日/2008-07

纪念宁夏回族自治区成立50周年专用

注：有2014年10月23日/2014-023

红色（外箱标注）

注：有2014年10月24日/2014-024

黄色（外箱标注）

定制酒（二）

2003年　　　　　2006年

神舟载人飞船发射纪念珍藏酒（飞天/15年）
注：有2003年10月2日、2006年1月3日（瓶身字体不同）

收藏证书内容如下：

　　2005年，神州六号载人飞船发射成功，为纪念这一民族盛事，国酒茅台倾其精华，特制作2005瓶神州珍藏纪念酒，因其品质上乘，数量有限，同时又承载了重大的历史事件，实为收藏之上品。

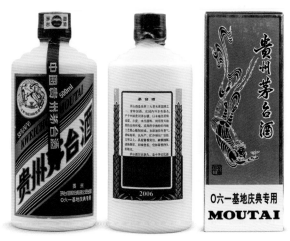

○六一基地庆典专用
注：有2006年5月15日/2006-04

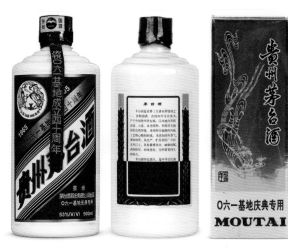

○六一基地庆典专用（四十周年）
注：有2005年9月9日/2005-10

庆祝"天宫一号"发射纪念
注：有2013年5月29日/2012-104

庆祝首次载人交会对接任务成功发射
注：有2013年5月30日/2012-105

天宫一号·神舟飞船交会对接专用
注：有2011年8月29日/2010-100

神舟七号载人航天飞行专用
注：有2008年7月16日/2008-07

庆祝长征二号F火箭发射神舟十号载人飞船纪念
注：有2013年5月28日/2012-104

热烈祝贺首架翔凤飞机试飞成功
注：有2008年6月18日/2008-04

定制酒（二）

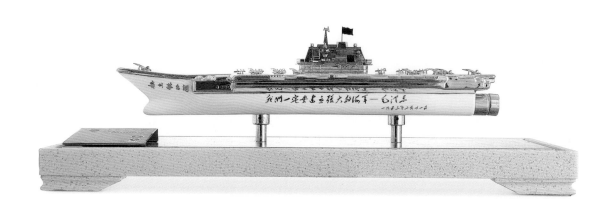

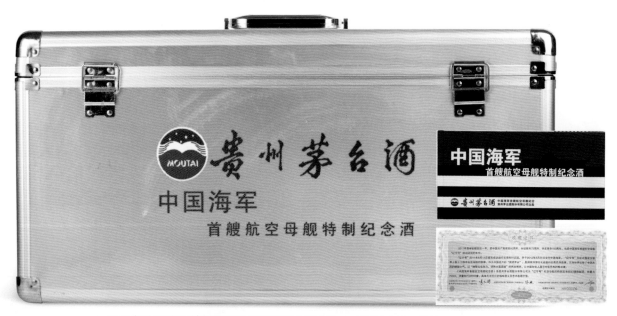

2012年中国海军首艘航空母舰特制纪念酒750ml（限量30000套）

收藏证书内容如下：

　　2011年是举世瞩目的一年，是中国共产党建党90周年、长征胜利75周年、辛亥革命100周年，也是中国海军首艘航空母舰"辽宁号"成功试航的年份。

　　"辽宁号"2011年8月14日首次成功进行出海航行试验，并与2012年9月25日交付中国海军。"辽宁号"见证中国成为世界上第十个拥有航空母舰的国家。作为中国名片的"国酒茅台"，是拥有深厚文化底蕴的优秀民族品牌，它向世界弘扬了中国大国的崛起士气，以"凝聚文化张力，铸就大国酒魂"的民族根脉，让中国向世人展示中华民族的根与魂。

　　"中国海军首艘航空母舰纪念酒"系贵州茅台酒股份有限公司为"辽宁号"航空母舰所特别定制的53°陈酿酒，容量为750毫升，限量发行30000套，具有无与伦比的独特意义及艺术收藏价值。

| 美国 | 俄罗斯 | 中国 | 英国 | 法国 |

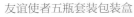

友谊使者五瓶套装包装盒

收藏证书

收藏证书内容如下：

中国与世博会的关系源远流长，1915年中国国酒茅台酒在巴拿马万国博览会上一举夺得金奖而与世博会结缘，并为中国民族工业赢得了荣誉与尊严。

2010年，上海世博会"城市，让生活更美好"的主题，与茅台集团"酿造高品位生活"的理念一脉相承作为一个具有深厚文化底蕴，拥有自主知识产权的优秀民族品牌，作为中国的国家名片及上海世博会白酒类唯一高级赞助商，国酒茅台有责任扮演好文化交流的"友谊使者"向世界弘扬中国悠久的白酒文化，让世人感悟中国酿造的高贵品质、品味华夏文明的悠远神奇。

"友谊使者"系贵州茅台酒股份有限公司为联合国5个常任理事国特别奉献的茅台陈酿特制酒，每年限量10000套，中国邮政同步发行《友谊使者》世博珍邮纪念册，具有无与伦比的独特意义及艺术收藏价值。

定制酒（二）

2006年核潜艇（四三一厂）

纪念中国核潜艇建成服役40周年
注：有2014年11月21日/2014-043

庆贺中国核潜艇第一任总设计师彭士禄院士93寿辰
注：有2018年9月11日/2018-029

纪念《见证中国核潜艇》出版发行5周年
注：有2018年6月7日/2017-161

中国华力
注：有2018年12月28日/2017-013

中国华力
注：有2020年4月14日/2019-127

2009～2012年中国新闻出版
注：有2011年1月22日/2010-42

2007～2011年新华社专用
注：有2007年12月13日/2007-13

2008～2012年中华全国总工会中国职工之家
注：有2012年8月29日/2012-017（带杯）

2013～2015年中国职工之家
注：有2013年4月11日/2012-092

定制酒（二）

注：有2009年8月4日/2009-01

中华人民共和国外交部建部60周年特制

注：有2003年4月28日/2002-02
　　10月25日/2003-03
　　2004年6月10日/2003-03
　　12月7日/2004-01
　　2005年8月17日/2004-01
　　8月24日/2005-01
　　2006年10月19日/2006-01
　　2007年7月19日/2005-02
　　2007年7月19日/2007-01
　　11月13日/2007-01
　　11月16日/2007-01
　　2008年3月12日/2007-01
38度：2005年8月18日/2005-13
43度：2009年9月1日/2009-03

2003～2008年中国外交部驻外使馆专用

2007～2012年外交使团
注：有2008年4月7日/2007-15

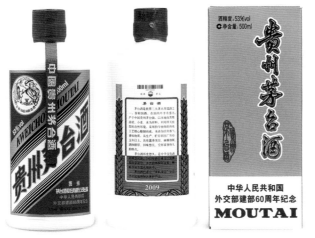

注：有2009年7月15日/2009-02
11月10日/2009-12

中华人民共和国外交部建部60周年纪念

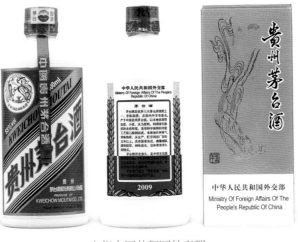

注：有2009年7月24日/2009-01
2010年6月11日/2009-08
7月30日/2009-08
12月28日/2009-08
2010年12月28日/2009-08
2011年10月31日/2009-08
2012年6月25日/2010-143
6月25日/2010-143
6月25日/2010-143
2009年7月24日/2009-01

中华人民共和国外交部

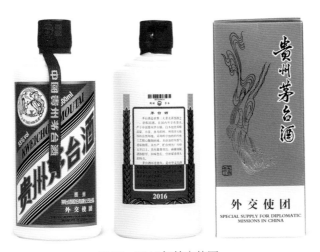

2012～2016年外交使团
注：有2016年8月24日/2016-077

定制酒（二）

和平鸽（红瓶）

注：有2017年1月13日/2014-121
1月13日/2015-053
1月14日/2014-121
1月14日/2015-053

2017~2019年北京外交人员免税商店

注：有2017年8月5日/2017-010

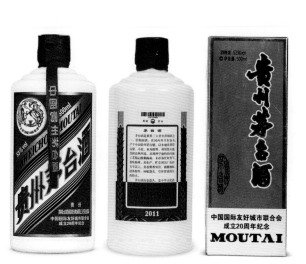

中国国际友好城市联合会成立20周年纪念

注：有2011年12月28日/2011-014

注：有2013年10月14日/2014–121
　　　10月31日/2012–086
　　　2014年5月9日/2012–086
　　　12月27日/2012–088
　　　12月28日/2012–088
　　　2016年11月7日/2014–121
　　　2017年10月18日/2015–057
　　　12月6日/2015–057

2013～2017年和平鸽

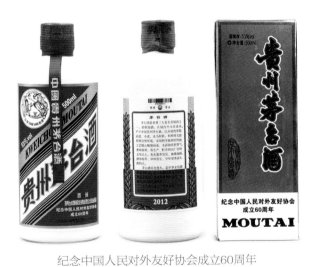

注：有2012年5月17日/2011–055

纪念中国人民对外友好协会成立60周年

注：有2007年11月28日/2007–13
　　　2008年12月10日/2008–15
　　　2009年12月30日/2009–04
　　　2010年11月1日/2010–02
　　　2012年5月3日/2011–048

中华人民共和国商务部专用

定制酒（三）

接待专用
注：有2004年5月26日/2003-12

浙江省委省政府接待酒
注：有2009年1月14日/2008-18

浙江省委省政府接待专享
注：有2014年9月19日/2014-009

浙江省委省政府接待专用
注：有2008年4月28日/2008-03

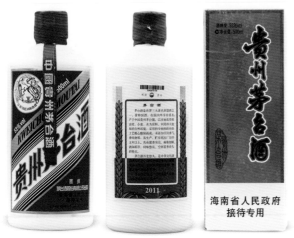  

海南省人民政府接待专用
注：有2011年7月13日/2010-77

青岛市政务接待专用酒
注：有2009年9月3日/2008-25

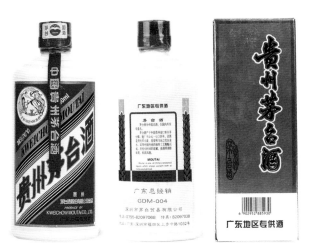

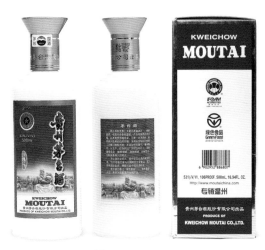

广东地区53%vol／38%vol
注：53%vol：有2004年1月11日/2003-09、3月1日/2003-10
38%vol：2004年1月11日/2003-17

温州53%vol／43%vol
注：有2004年8月20日/2004-02

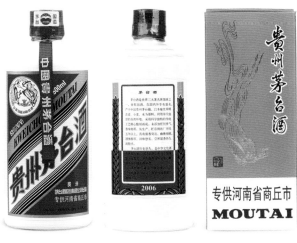

河南省商丘市
注：有2006年4月11日/2006-04

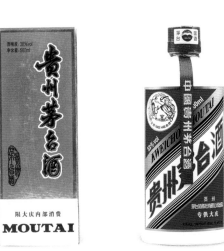

大庆38%vol
注：有2008年7月4日/2008-02

大庆53%vol
注：有2006年12月30日/2006-14

定制酒（三）

工商专用（外盒标注）
注：有2007年9月27日/2007–12

中国工商银行股份有限公司
注：有2010年3月24日/2009–26

中国工商银行股份有限公司北京市分行
注：有2006年9月23日/2006–10

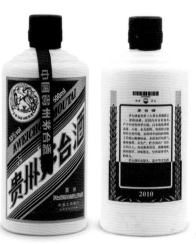

中国工商银行股份有限公司北京分行（加印贴）
注：有2010年3月24日/2009–26

中国农业银行
注：有2010年3月23日/2009–26

招商银行
注：有2011年1月12日/2010–32

银华基金
注：有2005年8月1日/2005-07

中国银行成立100周年纪念酒
注：有2011年7月22日/2010-84

中国银行
注：有2009年8月11日/2009-05

中国银行
注：有2010年5月13日/2009-11

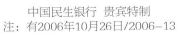

中国民生银行 贵宾特制
注：有2006年10月26日/2006-13

中国民生银行成立十周年特制
注：有2005年12月22日/2005-14

定制酒（三）

注：有2008年5月28日/2008-04

中国石油化工集团公司专用

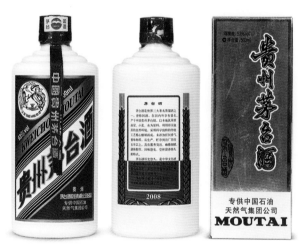

注：有2008年4月16日/2008-02

中国石油天然气集团公司

注：有2014年9月26日/2014-012

中国石化易捷专售

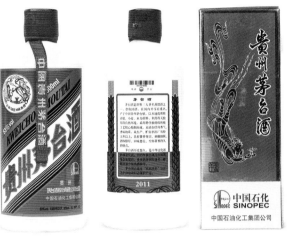

注：有2011年3月2日/2010-48

中国石油化工集团公司

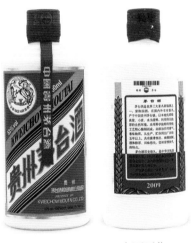

注：有2009年11月25日/2009-14

中国石化

注：有2018年11月16日/2016-175

易捷成立十周年纪念

定制酒（三）

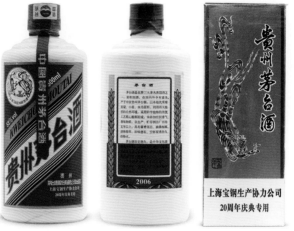

注：有2006年12月12日/2006-13

上海宝钢生产协力公司20周年庆典专用

注：有2006年12月12日/2006-13
　　2007年4月4日/2007-08
　　5月6日/2007-09
　　2008年3月31日/2008-02
　　2009年5月6日/2008-08
　　2011年3月3日/2011-049

中国电信

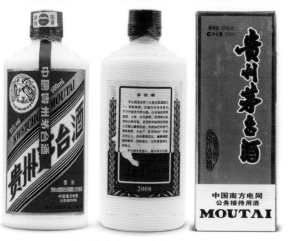

注：有2008年6月21日/2007-10

中国南方电网公务接待用酒

注：有2005年12月15日/2005-15

岭澳核电二期

注：有2005年9月24日/2005-10
2006年3月14日/2006-03
2007年6月21日/2007-10
2010年6月1日/2009-29

中国移动通信

注：有2009年4月7日/1009-28
2010年4月23日/1009-28

中国南方电网

定制酒（三）

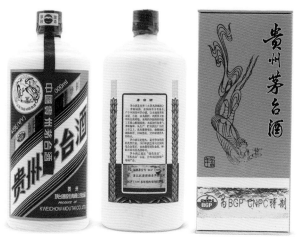

BGP CNPC特制
注：有2003年9月16日/2003-12
2004年10月16日/2004-13（加贴标）

营口港务集团敬赠1L
注：有2006年11月16日/2006-12

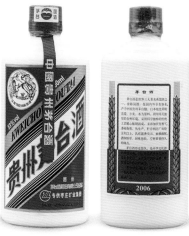

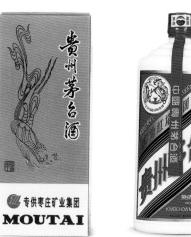

枣庄矿业集团
注：有2006年12月13日/2006-13

2003～2006年为红塔集团特制53%vol／43%vol 1000ml
注：有2006年11月16日/2006-12
43%vol：2006年7月13日/2006-02

中粮集团
注：有2010年6月24日/2009-30

鲁能集团
注：有2006年9月22日/2006-10

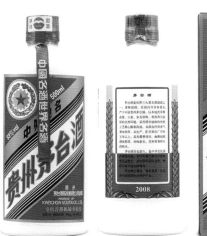
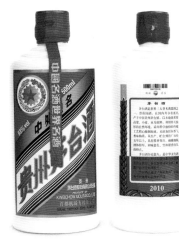

2005～2008年首都机场专机楼
注：有2008年8月11日/2008-07

首都机场专机楼专用
注：有2010年6月11日/2009-29

油田
注：有2006年4月26日/2006-04

国防大学第38期联合战役参谋培训班异地教学基地培训纪念
注：有2010年6月6日/2009-29

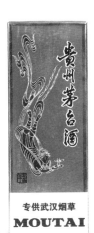

武汉烟草
注：有2007年4月28日/2007-09

中国IGA 33%vol
注：有2006年9月1日/2006-03

定制酒（三）

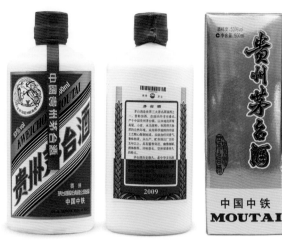

中国中铁53%vol／43%vol
注：有2009年5月26日/2008-15、2010年7月15日/2009-34
43%vol：2010年7月12日/2010-02

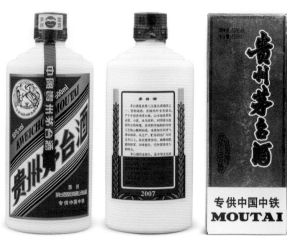

中国中铁53%vol／43%vol
注：有2007年11月27日/2007-13

铁路
注：有2008年6月5日/2008-04、2009年7月9日/2009-02、2010年6月15日/2009-30

第一汽车（15年陈年）
注：有2005年5月26日/2/2008-15、8月29日/2004-02
2006年12月30日/2006-01

第一汽车
注：有2005年8月26日/2005-03、12月30日/2005-15、
2008年4月14日/2008-02

北京饭店
注：有2007年1月9日/2006-14

阳光酒店集团专用
注：有2013年2月26日/2012-079

2004～2007年金陵饭店（15年陈年）
注：有2006年9月27日/2005-01（2004年为大头）

威海白云宾馆53%vol／38%vol
注：有2005年4月28日/2005-03
38%vol：2005年4月29日/2004-26

2007～2011年谷泉会议中心
注：有2011年4月2日/2010-57

香格里拉酒店集团专用
注：有2010年12月13日/2010-30

封坛酒

封坛酒

鑲之泉
注：有2018年11月8日/0000-000

封坛酒
注：有2012年12月28日/0000-000

封坛酒
注：有2012年12月7日/0000-000

ZL尊享
注：有2015年12月16日/0000-000

济南军区封缸酒
注：有2010年11月4日/0000-000

武警之坛
注：有2011年6月13日/2003-009

封坛酒
注：有2015年4月7日/0000-000

装备精神
注：有2012年6月25日/0000-000

纪念LRH诞辰100周年封坛酒
注：有2018年3月15日/0000-000

封坛酒

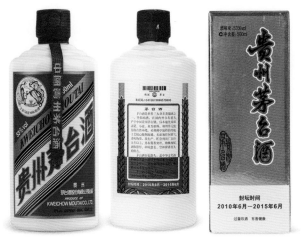

封坛时间：2010年6月～2015年6月
注：有2015年7月17日/0000-000

贰零一一年拾贰月封，贰零一陆年拾贰月启
注：有2017年3月24日/0000-000

封缸酒
注：有2013年4月10日/0000-000

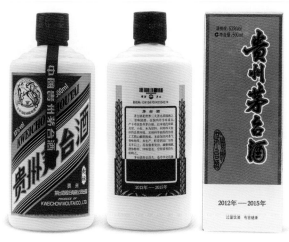

2012～2015年封坛酒
注：有2016年1月9日/0000-000

珍藏封坛酒
注：有2013年8月6日/2012-132

封坛酒
注：有2016年5月18日/0000-000

封坛酒
注：有2013年8月27日/0000-000

碧桂园封坛酒
注：有2017年8月3日/0000-000

阿里巴巴定制的封坛酒
注：有2016年10月10日/0000-000

九阳股份封坛酒
注：有2019年7月18日/0000-000

封坛酒

飞翔之坛 私人藏酒
注：有2013年3月29日//0000-000

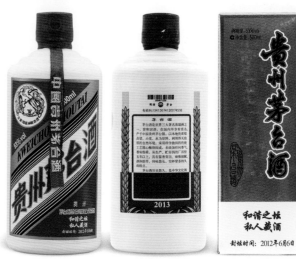

和谐之坛 私人藏酒
注：有2013年6月20日/0000-000

申氏
注：有2015年3月13日/0000-000

瑷融封坛酒
注：有2018年11月8日/0000-000

鑫都
注：有2014年8月12日/0000-000

南江集团封坛酒
注：有2019年4月29日/0000-000

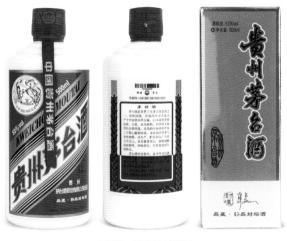

磊藏·韩磊封坛酒
注：有2019年4月29日/0000-000

诚盛投资
注：有2018年4月20日/0000-000

佳友
注：有2015年6月23日/0000-000

香港

1997年香港回归纪念酒（限量1997瓶）
注：有1997年6月9日/97-01

2001～2008年贵宾特制（盒子标注香港回归五周年）
注：有2003～2004年贵宾茅台

庆祝香港回归祖国十周年（中央政府驻港联络办订制）
注：有2007年6月25日/2007-10、2010年12月28日/2010-36

香港回归10周年纪念500ml
注：有2007年4月23日/2006-01、5月22日/2006-01
5月29日/2006-01、6月8日/2006-01（瓶底标注）

庆祝香港回归祖国十五周年（中央政府驻港联络办订制）
注：有2012年10月30日/2012-036

庆祝香港回归祖国十五周年（紫荆山庄）
注：有2012年6月13日/2011-061

庆祝香港回归祖国二十周年（中央政府驻港联络办订制）
注：有2017年6月7日/2016-174

丁酉鸡年飞天牌 庆祝香港回归祖国二十周年375ml
注：有2017年6月30日/2016-126

港区省级政协委员联谊会庆祝香港回归20周年纪念
注：有2018年12月17日/2018-072

纪念香港回归典藏
注：有2008年11月21日/2008-01、11月24日/2008-01、12月8日/2008-01、2010年7月3日/2009-08、2011年9月2日/2009-08、2012年3月5日/2010-141、5月3日/2010-143（瓶底标注）

香港

国酒茅台（香港）之友协会尊享（50年）庆祝香港回归祖国二十周年
注：有2017年10月20日/2016-002

2003~2018年国酒茅台（香港）之友协会专用
注：有2010年6月26日/2019-04

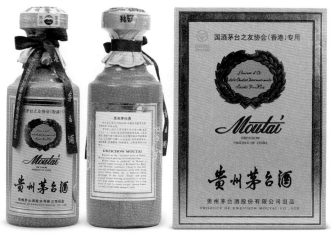

2001~2002年国酒茅台之友协会（香港）专用（黄瓶）
注：有2001年5月30日/2000-01

香港友好协进会30周年纪念
注：有2019年6月5日/2017-113

国酒茅台之友协会（香港）专用500ml特制陈酿
注：有2013年11月16日/2012-086

国酒茅台之友协会（香港）尊享500ml特制陈酿
注：有2017年6月15日/2015-057

紫荆山庄落成志庆（紫荆山庄）
注：有2011年1月27日/2010-37

250ml红瓶（香港）
注：有2018年10月22日/2018-047

港区省级政协委员联谊会尊享
注：有2017年4月10日/2016-164

香港义工联盟
注：有2019年8月15日/2018-168

中国人民解放军驻香港部队专用酒
注：有2009年9月18日/2009-06
2012年7月11日/2012-002

外交部驻香港特派员公署专用酒
注：有2008年8月12日/2008-01
2011年10月11日/2009-08（红膜）

澳门

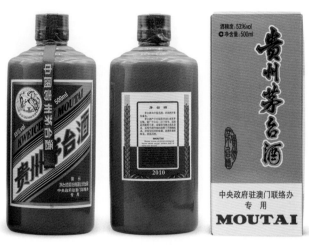

中央政府驻澳门联络办专用
注：有2010年5月27日/2009-08、6月18日/2009-08

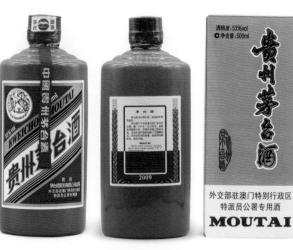

外交部驻澳门特别行政区特派员公署专用酒
注：有2009年10月29日/2009-01
2011年7月28日/2009-08

中央人民政府驻澳门特别行政区联络办公室专用
注：有2011年7月15日/2009-08

中央人民政府驻澳门特别行政区联络办公室专用
注：有2011年7月15日/2009-08

中央人民政府驻澳门特别行政区联络办公室专用
注：有2011年7月15日/2009-08

澳门区花
注：有2012年9月27日/2011-108

庆祝中国人民解放军驻澳门部队进驻澳门十周年
注：有2009年8月31日/2008-25

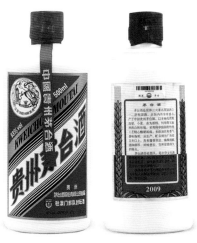

驻澳门部队封坛酒
注：有2009年7月10日/2007-01

中国人民解放军驻澳门部队专用酒
注：有2010年6月28日/2009-32

澳门特别行政区专用酒
注：有2011年7月28日/2009-08

澳门特别行政区专用酒（15年）
注：有2011年7月16日/2011-01

澳门

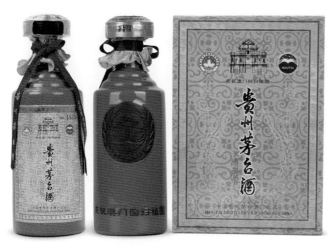

1999年澳门回归纪念酒
注：有1999年9月14日/99-01

（1999~2009）纪念澳门回归十周年
注：有2009年12月1日/2009-02

澳门茅台文化协会尊享（50年陈酿）有澳门回归15周年
暨茅台文化协会成立纪念款
注：有2014年7月18日/2012-001

澳门茅台文化协会尊享（50年陈酿2015）
注：有2015年8月8日/2012-001

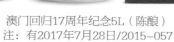

澳门回归17周年纪念5L（陈酿）
注：有2017年7月28日/2015-057

澳门回归17周年纪念5L
注：有2017年7月31日/2017-003

澳门回归18周年纪念5L（陈酿）
注：有2017年7月28日/2015-057

澳门回归18周年纪念5L
注：有2017年7月31日/2017-003

澳门回归19周年纪念5L（陈酿）
注：有2019年12月20日/2018-081

澳门回归19周年纪念5L
注：有2019年8月15日/2018-167

澳门茅台文化协会尊享（陈酿）
注：有2017年3月7日/2015-053

太阳城集团500ml（陈酿）
注：有2014年6月26日/2012-088

澳门

澳门城市大学4.5L（不带编号）（陈酿）

澳门城市大学4.5L（陈酿）

澳门科技大学建校15周年纪念4.5L（陈酿）

金龙4.5L（陈酿）

澳门威尼斯人（马）15年500ml（陈酿）　　　　　澳门威尼斯人（羊）15年500ml（陈酿）

海联供应（15年）
注：有2005年10月18日/2004-02

MACAO 500ml　　　　　　　　　　　　　　XWH-红
注：有2019年11月14日　　　　　　　　　　　　注：有2019年8月13日

澳门

澳门巴黎人500ml（30年）
注：有2016年12月31日/2014-002

澳门巴黎人500ml（15年）
注：有2016年12月31日/2016-002

澳门巴黎人500ml
注：有2016年12月30日/2016-138

澳门名酒收藏协会500ml
注：有2018年12月29日/2018-072

澳门名酒收藏协会500ml（陈酿）
注：有2018年11月26日/2016-175

澳门名酒收藏协会5L
注：有2019年5月13日/2018-141

澳门名酒收藏协会5L（陈酿）
注：有2019年8月16日/2017-147

定制酒公司产品

视觉贵宾尊享
注：有2015年11月13日/2015-065

正和岛
注：有2015年12月9日/2015-078（另有白瓶款）

国酒定制 个性尊享 –红
注：有2016年8月13日/2016-070

复旦大学EMBA2015秋二班纪念酒
注：有2017年3月27日/2016-162

茅台个性化营销公司2周年纪念
注：有2016年4月16日/2015-146

国酒定制HLDZ –红
注：有2015年8月12日/2015-018

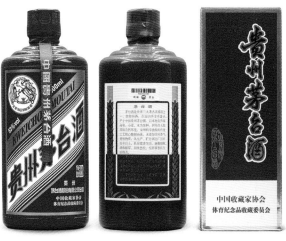

中国收藏家协会体育纪念品收藏委员会
注：有2015年9月17日/2015-033

上海宏伊企业集团有限公司尊享
注：有2016年12月12日/2016-124

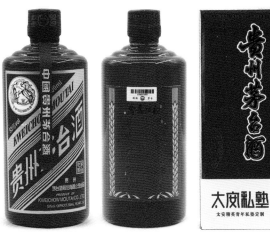

太安私塾 太安精英青年私塾定制
注：有2017年3月27日/2016-162

咏悦汇尊享
注：有2016年5月18日/2016-011

王继平珍藏
注：有2017年5月18日/2016-170

定制酒公司产品

国新十周年
注：有2016年9月14日/2016-086

曲阜仙源温泉旅游开发有限公司
注：有2017年3月24日/2016-161

聚诚集团
注：有2016年12月12日/2016-124

中华酒器首付海外办展纪念
注：有2015年11月13日/2015-065

河南电视台武林风栏目尊享
注：有2017年3月27日/2016-162

万峰定制
注：有2017年8月9日/2017-019

绿色尊享–定制绿
注：有2016年7月29日/2016–061

中国社会艺术协会
注：有2017年3月1日/2016–158

国酒定制 个性尊享–定制酱
注：有2016年8月12日/2016–070

东北亚铁路定制–酱
注：有2015年11月13日/2015–065

鸣吉园定制
注：有2015年11月13日/2015–065

河南信阳万家灯火集团公司定制
注：有2015年8月5日/2015–011

定制酒公司产品

国酒定制HLDZ－黑（带编号／不带编号）
注：有2016年8月3日/2016-061

老酒易购文化投资定制
注：有2017年3月24日/2016-161

中保泓安保险代理有限公司
注：有2017年6月2日/2016-083

贵州鑫双贝贸易有限公司尊享
注：有2016年12月7日/2016-121

吴江青商会
注：有2017年3月24日/2016-161

北京晟强贸易有限公司
注：有2016年12月7日/2016-121

中国收藏家协会成立二十周年纪念
注：有2015年11月9日/2015-061

深圳日海通讯技术股份有限公司
注：有2017年3月24日/2016-161

江阳建设集团有限公司定制-黑／红
注：有2017年3月24日/2016-161

海纳百川游艇会尊享
注：有2017年3月24日/2016-161

定制酒公司产品

广东超鸿工程有限公司尊享
注：有2016年12月7日/2016-121

广东省酒业协会定制
注：有2017年6月22日/2016-176

中国酒投网2014珍藏版-黑
注：有2014年10月23日/2014-023

宏光客户尊享-黑
注：有2017年3月11日/2016-160

盛世酱香-黑
注：有2015年11月9日/2015-061

香港酒瓶民艺瑰宝展纪念（2013年7月14日~8月31日）
注：有2015年11月9日/2015-061

国酒定制 个性尊享–定制金
注：有2015年11月25日/2014–122

ZZDZ–金
注：有2015年9月24日/2015–034

河南电视台武林风栏目尊享
注：有2017年3月30日/2016–163

宏光客户尊享
注：有2016年10月28日/2016–098

北大国发2016级EMBA
注：有2017年3月30日/2016–163

上海宏伊企业集团有限公司尊享
注：有2016年12月17日/2016–130

定制酒公司产品

只为卓越不凡的你
注：有2016年8月5日/2016-063

深圳市安车检测股份有限公司-金
注：有2017年3月30日/2016-163

郑府尊享-金
注：有2015年11月12日/2015-064

四川远达集团尊享-金
注：有2015年11月12日/2015-064

中国酒类流通协会酒文化体验馆-金
注：有2016年12月17日/2016-130

上海秦商大酒店专属定制-金
注：有2015年11月12日/2015-064

首届中国国际酒器艺术品交流展纪念–金
注：有2017年3月30日/2016–163

天目湖酒文化博物馆开馆纪念–金
注：有2016年5月13日/2016–007

韩磊尊享–金
注：有2016年10月28日/2016–098

中国第二届酒文化收藏博览会纪念–金
注：有2015年11月12日/2015–064

新华大宗定制–金
注：有2016年12月24日/2016–134

凤梧酒洲–金
注：有2015年11月12日/2015–064

定制酒公司产品

中国社会艺术协会尊享
注：有2017年2月22日/2016-157

中烟追溯尊享-蓝
注：有2017年4月27日/2016-167

国酒定制和平蓝（带编号／不带编号）
注：有2016年1月23日/2015-104

三花智控尊享
注：有2017年2月22日/2016-157

太平洋建设集团20载
注：有2015年11月25日/2015-058

贵州新德丰商贸公司尊享
注：有2017年2月22日/2016-157

宏光客户尊享-蓝
注：有2016年11月18日/2016-113

金牛雄风-蓝
注：有2016年11月18日/2016-113

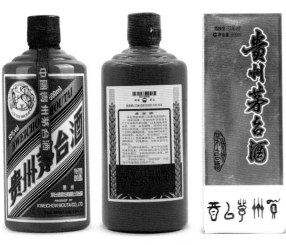

甲骨文蓝色瓶-蓝
注：有2015年9月6日/2015-028

东北亚铁路定制-蓝
注：有2016年11月18日/2016-113

定制酒公司产品

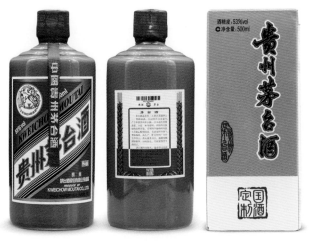

国酒定制–陈酿（横版）
注：有2015年9月16日/2014–121

国酒定制–陈酿（竖版）
注：有2015年9月16日/2014–121

巴马壹号
注：有2017年6月3日/2015–055

DHDZ（酱瓶）
注：有2015年6月5日/2014–162

清华大学五道口金融学院
注：有2018年5月25日/2016–018

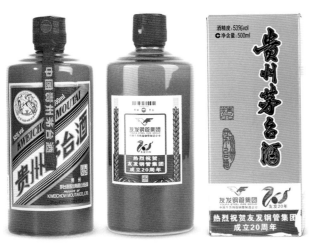

热烈祝贺友发钢管集团成立20周年
注：有2018年6月11日/2016-019

董方军先生尊享
注：有2018年12月20日/2017-013

深圳琳珠投资控股（集团）有限公司
注：有2017年10月8日/2017-049

深圳琳珠投资控股（集团）有限公司
注：有2018年5月16日/2016-018

定制茅台15年
注：有2017年2月13日/2016-002

罗兴红尊享15年陈酿
注：有2017年8月18日/2017-002

定制酒公司产品

亨通尊享
注：有2018年5月25日/2016-018

亨通尊享

上海鹏欣（集团）有限公司定制
注：有2014年10月13日/2012-088

上海鹏欣（集团）有限公司定制
注：有2020年10月17日/2019-002

富力地产尊享
注：有2017年4月13日/2016-165

富力地产尊享-红
注：有2016年7月22日/2016-056

陈伟先生尊享
注：有2019年1月9日/2018-091

爱康集团
注：有2019年1月9日/2018-091

农历丁酉鸡年 鉴藏
注：有2018年2月18日/2017-123

赵雅萱定制
注：有2019年6月14日/2018-155

中烟追溯尊享
注：有2018年11月15日/2018-057

武林风明星冠军王洪祥
注：有2018年7月18日/2017-175

定制酒公司产品

江苏联盟化学尊享2.5L

春
注：有2016年5月18日/2016-011

夏
注：有2015年11月9日/2015-061

秋
注：有2015年11月12日/2015-064

冬
注：有2015年11月13日/2015-065

一代天骄
注：有2016年10月18日/2016-092

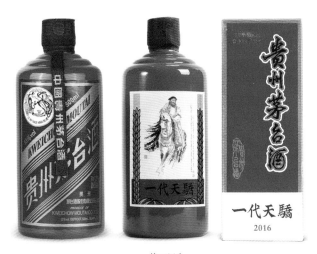

一代天骄
注：有2016年10月21日/2016-096

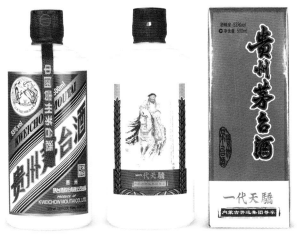

一代天骄
注：有2017年5月12日/2016-169

一代天骄
注：有2016年10月27日/2016-096

一代天骄
注：有2016年10月28日/2016-098

一代天骄
注：有2016年10月27日/2016-096

定制酒公司产品

中外酒器（北京）协会尊享
注：有2017年3月24日/2016-161

中外酒器（北京）协会尊享
注：有2017年3月30日/2016-163

中外酒器（北京）协会尊享
注：有2017年3月24日/2016-161

中外酒器（北京）协会尊享
注：有2016年8月31日/2016-081

长江图
注：有2017年3月24日/2016-161

长江图
注：有2017年2月22日/2016-157

长江图
注：有2017年3月30日/2016-163

长江图
注：有2017年3月27日/2016-162

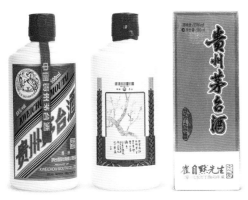

梅（有2017年12月8日/2017-074）

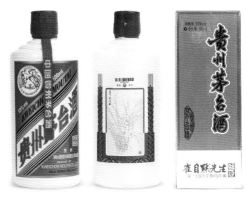

兰（有2017年12月8日/2017-074）

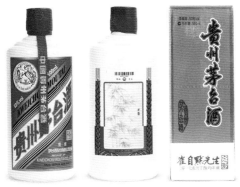

竹（有2017年12月8日/2017-074）

菊（有2017年11月11日/2017-063）

梅（有2016年12月7日/2016-121）

兰（有2016年11月18日/2016-113）

竹（有2017年3月1日/2016-158）

菊（有2016年12月17日/2016-130）

定制酒公司产品

定制国酒红鼎

定制国酒酱樽

定制国酒金爵

定制国酒墨玺

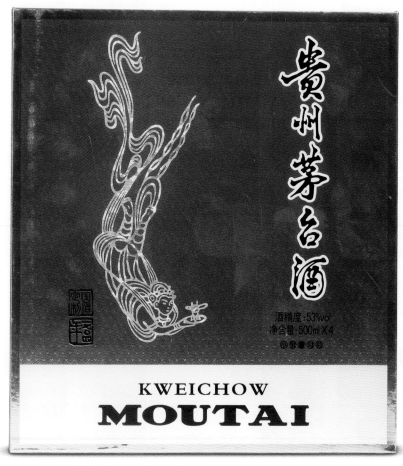

国之四礼（小批量勾兑 红鼎、酱樽、金爵、墨玺）

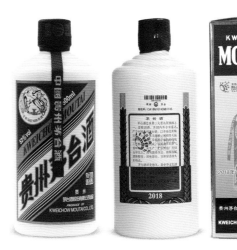

中国大数据产业峰会
注：有2017年5月24日/2016-171

中国国际大数据产业博览会
注：有2018年5月23日/2017-155

天下凤凰
注：有2015年9月23日/2015-036

中联传动
注：有2015年11月26日/2014-152

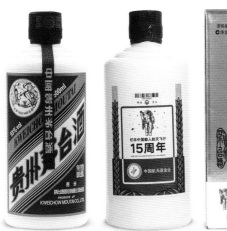

纪念中国载人航天飞行15周年中国航天基金会
注：有2018年9月11日/2018-029

奥凯航空10周年纪念
注：有2014年11月21日/2014-043、2015年4月15日/2014-131

定制酒公司产品

王石尊享
注：有2016年1月29日/2015-109

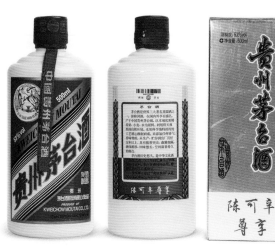

陈可辛尊享
注：有2015年11月26日/2014-152

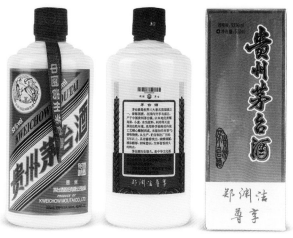

郑渊洁尊享
注：有2014年11月21日/2014-043

郑渊洁尊享
注：有2015年11月3日/2015-056

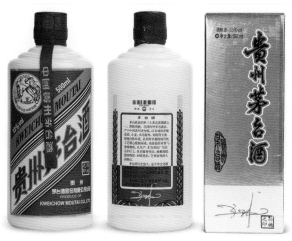

孙楠之印
注：有2015年9月7日/2015-029

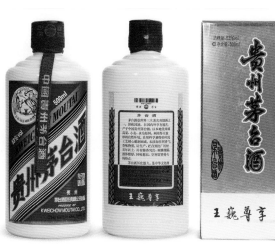

王巍尊享
注：有2016年1月29日/2015-109

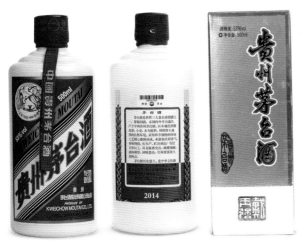

戴玉强
注：有2016年1月29日/2015-109

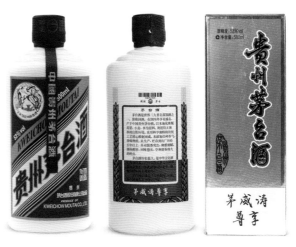

茅威涛尊享
注：有2016年1月29日/2015-109

王小鲁尊享
注：有2016年1月29日/2015-109

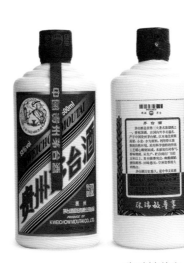

张瑞敏尊享
注：有2015年11月26日/2014-152

唐旭东
注：有2016年1月29日/2015-109

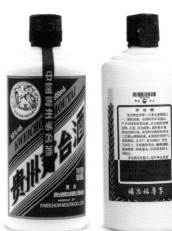
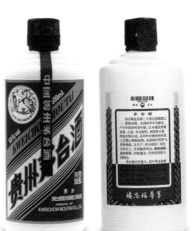

楼忠福尊享
注：有2016年1月29日/2015-109

定制酒公司产品

中国著名油画家陈子荣先生尊享
注：有2017年3月11日/2016-159

大千门人江萍鉴赏
注：有2017年11月11日/2017-063

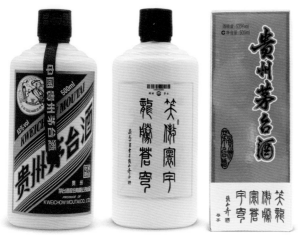

张立奇尊享
注：有2017年6月20日/2016-177

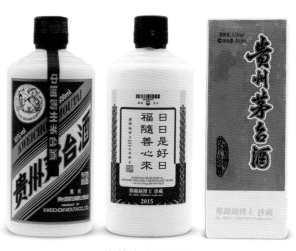

郑锦鐘博士珍藏
注：有2015年11月26日/2014-152

唐勇先生品鉴用酒
注：有2014年5月14日/2013-133

刘勇先生
注：有2017年9月15日/2017-041

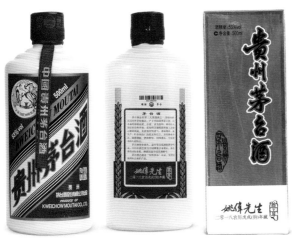

姚伟先生尊享
注：有2018年2月3日/2017-121

董方军先生尊享
注：有2018年11月23日/2018-060

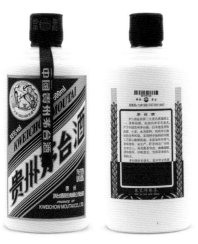

束昱辉尊享
注：有2016年12月3日/2016-119

刘毓全、牛淑艳夫妇乙未本命年尊享
注：有2015年12月26日/2015-091

李景春定制
注：有2017年6月20日/2016-177

秦良静留藏
注：有2017年12月8日/2017-074

定制酒公司产品

国酒定制 个性尊享
注：有2014年5月21日/2013-140

定制尊享
注：有2019年12月24日/2019-087

新春快乐
注：有2018年11月23日/2018-060

新年快乐
注：有2014年11月21日/2014-043

深圳市兆方石油化工股份有限公司尊享
注：有2017年11月25日/2017-070

正茂燃气尊享
注：有2016年9月1日/2016-082

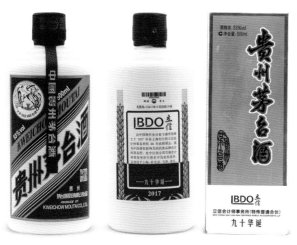

立信会计师事务所（特殊普通合伙）九十华诞
注：有2017年8月8日/2017-012

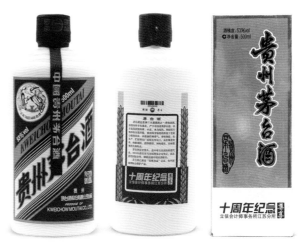

立信会计师事务所江苏分所十周年纪念尊享
注：有2018年9月11日/2018-029

朗姿股份
注：有2017年11月17日/2017-066

天册律师事务所
注：有2017年11月17日/2017-066

立信会计师事务所
注：有2018年9月28日/2018-041

立信会计师事务所（特殊普通合伙）尊享
注：有2015年8月29日/2015-027

定制酒公司产品

河南省崇古文化发展有限公司
注：有2017年6月20日/2016-177

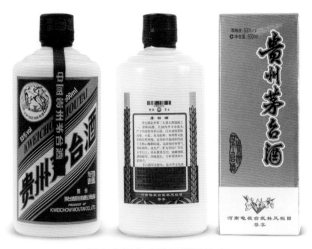

河南电视台武林风栏目尊享
注：有2017年6月20日/2016-177

浙江晟喜华视文化传媒有限公司
注：有2017年10月8日/2017-049

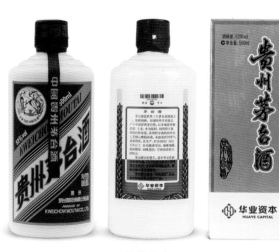

华业资本
注：有2015年9月7日/2015-029

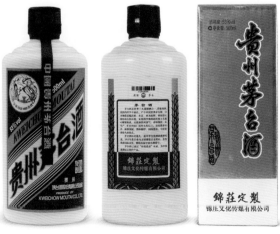

锦庄文化传媒有限公司
注：有2017年3月24日/2016-162

海纳机构2018年度酒业客户答谢会
注：有2018年11月23日/2018-060

西泠印社拍卖有限公司十周年庆典定制
注：有2014年11月21日/2014-043

送给最珍贵的人
注：有2017年11月11日/2017-063

华致酒行连锁管理股份有限公司上市纪念
注：有2018年11月23日/2018-060

大千生态上市纪念
注：有2017年12月29日/2017-090

和美（深圳）信息技术股份有限公司十八载纪念尊享
注：有2018年11月23日/2018-060

和美（深圳）信息技术股份有限公司尊享
注：有2017年9月15日/2017-041

定制酒公司产品

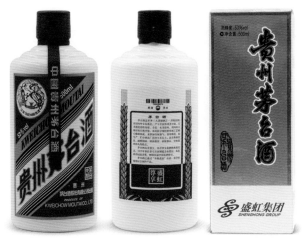

盛虹集团尊享
注：有2018年9月11日/2018-029

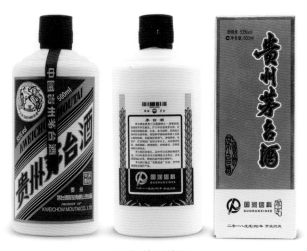

国润信科尊享
注：有2018年9月11日/2018-029

桦盛集团尊享
注：有2017年11月11日/2017-063

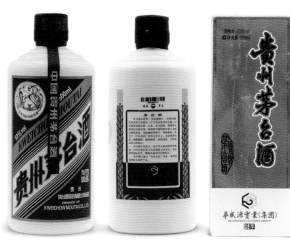

华盛源实业（集团）尊享
注：有2017年9月15日/2017-041

星宇置业7周年纪念
注：有2018年11月23日/2018-068

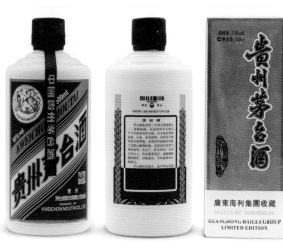

广东海利集团收藏

福信集团尊享
注：有2016年9月3日/2016-083

保惠集团成立十五周年纪念用酒
注：有2014年7月2日/2013-161

鑫江集团定制
注：有2017年9月15日/2017-041

庆贺达海控股集团更名 南通四建集团
荣获第二十四枚鲁班奖定制
注：有2015年12月24日/2015-090

华美节能科技集团定制
注：有2018年11月23日/2018-060

曙光控股集团
注：有2018年9月11日/2018-029

定制酒公司产品

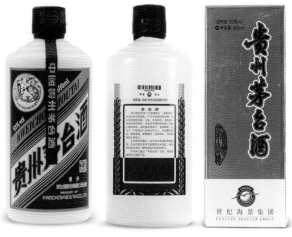

世纪海景集团
注：有2017年11月10日/2017-063

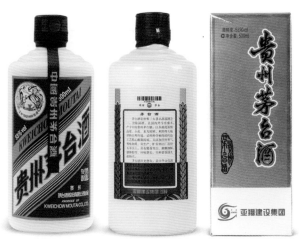

亚翔建设集团
注：有2017年3月24日/2016-162

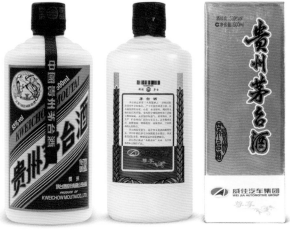

威佳汽车集团尊享
注：有2017年9月15日/2017-041

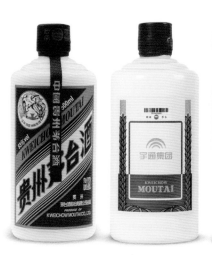

宇通集团

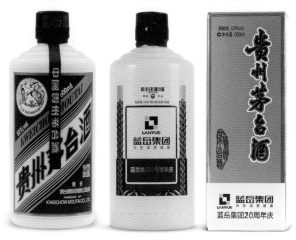

蓝岳集团20周年庆
注：有2017年11月18日/2017-067

俊发集团
注：有2017年3月10日/2016-160

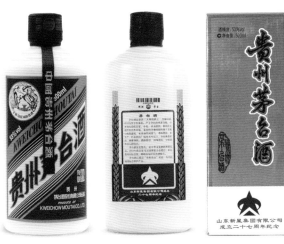

山东新星集团有限公司成立二十七周年纪念
注：有2017年5月25日/2016-171

大西南投资集团有限责任公司尊享
注：有2018年11月30日/2018-065

华美节能科技集团
注：有2018年11月23日/2010-060

太平洋建设集团20载
注：有2015年11月4日/2015-058

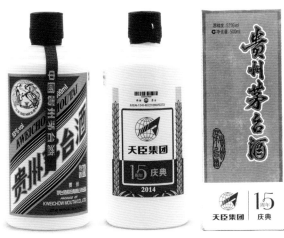

天臣集团15周年庆典
注：有2014年11月28日/2014-042

祥源控股
注：有2017年3月24日/2016-162

定制酒公司产品

庆五洲新春在上海证券交易所上市定制
注：有2016年6月23日/2016-039

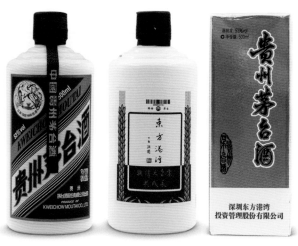

深圳东方港湾投资管理股份有限公司
注：有2017年12月8日/2017-074

信邦制药20周年庆典
注：有2015年2月5日/2014-097

正山堂传承红茶四百年
注：有2018年10月19日/2018-047

序章纪念
注：有2018年11月23日/2018-060

无锡市荣德教育培训中心定制
注：有2017年6月20日/2016-177

第六届中国梦盛典暨南方周末创刊三十周年庆
注：有2015年9月7日/2015-029

中国书法家（荣巷书社）创作培训基地
注：有2017年3月24日/2016-162

食养斋定制
注：有2016年9月3日/2016-083

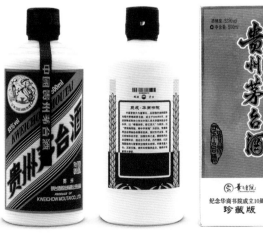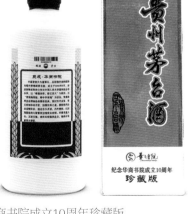

纪念华商书院成立10周年珍藏版
注：有2016年6月23日/2016-039

扬州虹桥文化艺术交流中心（虹桥书院）
注：有2017年12月8日/2017-074

定制酒公司产品

中国超级跑车锦标赛
注：有2017年3月24日/2016-162

中国马业协会
注：有2017年10月27日/2017-057

揭阳市酒类行业协会
注：有2015年11月26日/2014-152

中国香港酒类收藏协会
注：有2017年9月15日/2017-041

河南省酒业协会成立35周年
注：有2018年6月7日/2017-161

山东省旅游饭店协会
注：有2017年9月15日/2017-041

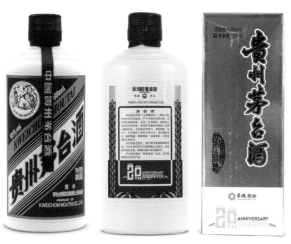

翠微股份20周年庆
注：有2017年12月18日/2017-080

新宙邦创立20周年纪念
注：有2017年3月8日/2016-159

新乡市福建商会尊享
注：有2017年12月8日/2017-074

亚青私藏-冬
注：有2016年1月29日/2015-109

阳光保险十周年
注：有2015年9月7日/2015-029

哈密汇通
注：有2017年4月14日/2016-165

定制酒公司产品

昆山赛佳尔绿化工程有限公司成立纪念（2013年4月23日）
注：有2017年6月20日/2016-177

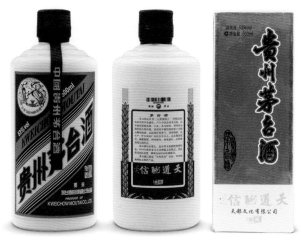

"天道酬信"天都文化有限公司鉴藏
注：有2017年9月15日/2017-041

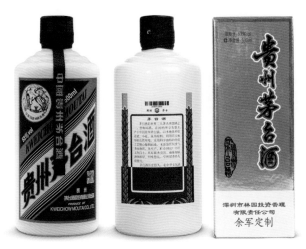

深圳市林园投资管理有限公司余军定制
注：有2017年9月15日/2017-041

德州市旭日副食品有公司成立二十周年
注：有2017年12月8日/2017-074

感恩有你 宝昌利20周年纪念
注：有2017年11月18日/2017-067

河南鑫生置业有限公司贵宾尊享
注：有2017年9月15日/2017-041

麻江明达水泥11周年庆
注：有2018年6月7日/2017-161

从江明达水泥6周年庆
注：有2018年6月7日/2017-161

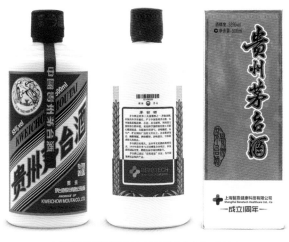

上海智赢健康科技有限公司成立1周年
注：有2018年6月7日/2017-161

深圳市蕾奥规划设计咨询股份有限公司周年庆
注：有2018年6月7日/2017-161

城云国际定制
注：有2018年9月11日/2018-029

定制酒公司产品

国香馆两周年庆典纪念
注：2014年6月11日/2013-029

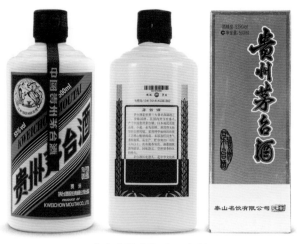

泰山名饮有限公司定制
注：有2017年8月10日/2017-019

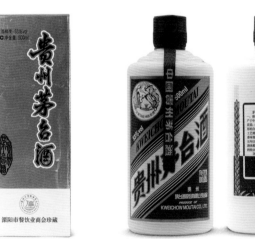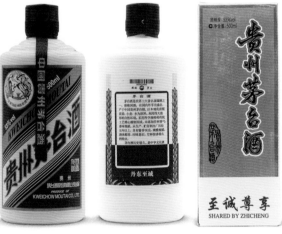

溧阳市餐饮业商会珍藏
注：有2015年9月7日/2015-029

丹东至诚尊享
注：有2015年9月7日/2015-029

江苏默元房地产开发有限公司
注：有2018年12月20日/2018-077

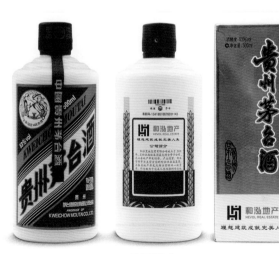

和泓地产
注：有2018年9月29日/2018-041

醉酒网贵宾珍藏纪念版
注：有2016年1月29日/2015-109

贵州省元成贸易有限公司
注：有2017年12月8日/2017-074

深圳市城市更新开发企业协会尊享
注：有2017年11月11日/2017-063

中国亚洲经济发展协会海外合作委员会尊享
注：有2017年9月15日/2017-041

WEGO威高
注：有2017年11月25日/2017-070

深圳市佳士科技股份有限公司
注：有2017年11月11日/2017-063

定制酒公司产品

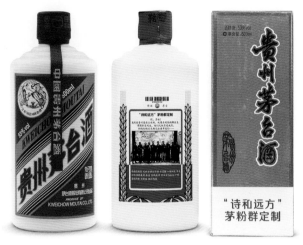

"诗和远方"茅粉群定制
注：有2017年5月25日/2016-171

国酒茅台热烈祝贺厦门大学
EMBA代表队荣获"戈十"冠军
注：有2015年9月7日/2015-029

中国人民大学商学院EMBA校友尊享
注：有2018年4月26日/2017-146

中国人民大学商学院EMBA1601班纪念
注：有2016年9月3日/2016-083

凤梧酒洲
注：有2014年11月21日/2014-043

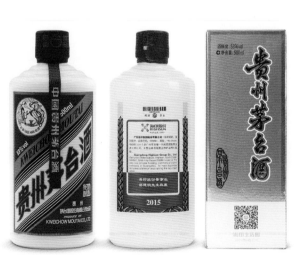

海印生活圈
注：有2016年1月29日/2015-109

万德隆商贸有限责任公司
注：有2017年9月15日/2017-041

晋江市青阳纯正堂食品保健滋补行尊享
注：有2017年6月20日/2016-177

奥瑞金包装股份有限公司
注：有2015年2月5日/2014-097

33侨村
注：有2015年11月26日/2014-152

风雨十载辉煌共庆
注：有2017年9月15日/2017-041

西安远鹏信息科技有限公司
注：有2017年6月20日/2016-177

定制酒公司产品

墨玺（1.25L／2.5L／5L）

酱樽（1.25L／2.5L／5L）

金爵（1.25L／2.5L／5L）

红鼎（1.25L／2.5L／5L）

国酒定制2.5L猴版

国酒定制5L马版

国酒定制1.5L马版（小批量勾兑）

国酒定制2.5L马版（陈酿）

国酒定制5L马版（陈酿）

西安世界园艺博览会大全套（10瓶）

万年青（6-1）

兰草（6-2）

鸟语花香（6-3）

石榴（6-4）

佛手（6-5）

牡丹（6-6）

花开盛世套装（6瓶 43%vol 500ml 限量20000套）

兵马俑（4-1）

财富人生（4-2）

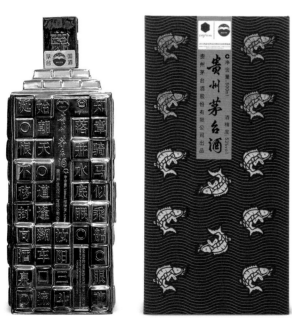

酒中人仙（4-3）

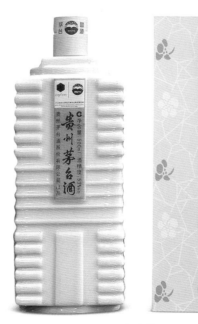

八方来仪（4-4）

盛世帝都套装（4瓶 53%vol 500ml　限量10000套）

2011十大青铜器（特制茅台酒）

四羊方尊

鸭形尊

妇好鸮尊

鸟盖变形兽纹壶

鸮纹觯

戈卣

鹰首提梁壶

铜冰鉴

勾连雷纹壶

虎纹觥

十大青铜器证书

十大青铜器包装盒

中国龙

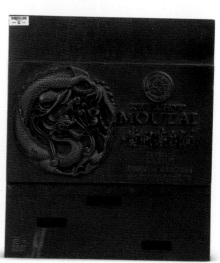

汉龙

唐龙

宋龙

元龙

明龙

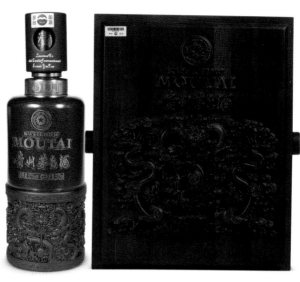

清龙

九龙国樽

中国龙

2010年上海世博大全套（81瓶）

● 和平使者

规格：500毫升 45瓶
酒质：30年陈酿

盛世中国茅台 500ml
（特制陈酿）限量16000樽

韩国	丹麦	以色列	俄罗斯	克罗地亚	冰岛	加拿大	卢森堡	印度
印度尼西亚	土耳其	墨西哥	奥地利	尼泊尔	巴基斯坦	巴西	德国	挪威
捷克	新加坡	新西兰	日本	智利	柬埔寨	比利时	沙特	法国
波兰	泰国	澳大利亚	爱尔兰	瑞典	瑞士	马来西亚	罗马尼亚	芬兰
荷兰	西班牙	阿曼	阿联酋	非洲	委内瑞拉	意大利	英国	美国

醉美中华

规格：500毫升 34瓶
酒质：15年陈酿

世博会喜酒 500ml
限量200000樽

广西馆	广东馆	江苏馆	辽宁馆	黑龙江馆	四川馆
浙江馆	台湾馆	重庆馆	山东馆	天津馆	云南馆	湖南馆
澳门馆	陕西馆	湖北馆	河北馆	青海馆	西藏馆	新疆馆
福建馆	河南馆	甘肃馆	海南馆	安徽馆	吉林馆	山西馆
北京馆	香港馆	上海馆	宁夏馆	贵州馆	内蒙古馆	江西馆

尊冠百年（金奖百年100瓶）

• 中国56个民族（56瓶）

收藏证书

东乡族	乌孜别克族	京族	仡佬族	仫佬族	佤族	侗族	俄罗斯族
保安族	傈僳族	傣族	哈尼族	哈萨克族	回族	土家族	土族
基诺族	塔吉克族	塔塔尔族	壮族	布依族	布朗族	彝族	德昂族
怒族	拉祜族	撒拉族	普米族	景颇族	朝鲜族	柯尔克孜族	毛南族
水族	汉族	满族	独龙族	珞巴族	瑶族	畲族	白族
纳西族	维吾尔族	羌族	苗族	蒙古族	藏族	裕固族	赫哲族
达斡尔族	鄂伦春族	鄂温克族	锡伯族	门巴族	阿昌族	高山族	黎族

收藏证书

● 42届世界博览会（42瓶）

1851	1853	1855	1862	1867	1873
英国伦敦	美国纽约	法国巴黎	英国伦敦	法国巴黎	奥地利维也纳

1893	1900	1904	1908	1915	1925
美国芝加哥	法国巴黎	美国圣路易斯	英国伦敦	美国旧金山	法国巴黎

1939	1958	1962	1964	1967	1970
美国纽约	比利时布鲁塞尔	美国西雅图	美国纽约	加拿大蒙特利尔	日本大阪

1986	1988	1992	1992	1993	1998
加拿大温哥华	澳大利亚布里斯本	西班牙塞维利亚	意大利热那亚	韩国大田	葡萄牙里斯本

2015	1985	1937	1889	1984	2010
意大利米兰	日本筑波	法国巴黎	法国巴黎	美国新奥尔良	中国上海

1876	1878	1883	1974	1975	1982
美国费城	法国巴黎	荷兰阿姆斯特丹	美国斯波坎	日本冲绳	美国诺克斯维尔

1926	1933	1935	2000	2005	2008
美国费城	美国芝加哥	比利时布鲁塞尔	德国汉诺威	日本爱知	西班牙萨拉戈萨

百年庆典特制（1瓶）

百年庆典特制80年年份陈酿（1瓶）

酒版 50~125毫升

1961年50g装

20世纪80年代飞天牌
（简体"贵" 53%vol 50ml）

20世纪80年代珍品
（53%vol 50ml）
（英文T开头）

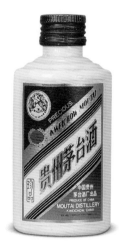

20世纪80年代珍品
（53%vol 50ml）
（英文P开头）

20世纪90年代
珍品（53%vol 50ml）
注：98年有塑盖款

20世纪90年代
（繁体"贵" 53%vol 50ml）

1998年12月3日
（38%vol 50ml）

2000年11月20日
茅台酒外（50ml）

2000年11月20日茅台酒版
（53%vol 50ml）

2000年12月30日非卖品
（53%vol 50ml）

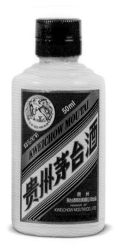

2002年飞天牌茅台酒
外盒（侧面五星 50ml）

2004年10月6日非卖品
（53%vol 50ml）

2002年11月7日
（53%vol 50ml）

2002年12月31日
（53%vol 50ml）

2004年12月04日
茅台酒版非卖品

2007年1月15日
（43%vol 50ml）

2010年7月10日
（53%vol 50ml）

2014年3月31日
（53%vol 50ml）

2015年1月国酒定制
（乙未年53%vol 50ml）

2015年9月23日
（53%vol 125ml）

2016年1月4日国酒定制
（丙申年53%vol 50ml）

2016年1月国酒定制
（丙申年53%vol 50ml）

2016年3月3日
（53%vol 50ml）

2017年9月20日
（53%vol 50ml）

第六届中国（贵州）
国际酒类博览会
（53%vol 50ml）

第七届中国（贵州）
国际酒类博览会 赠品
（53%vol 50ml）

第十一届贵州旅游
产业大会纪念
（53%vol 50ml）

2017年遵义茅台机场纪念
（53%vol 50ml）

2018年3月19日
（53%vol 50ml）

五星牌
（53%vol 50ml）

五星牌
（53%vol 50ml）

茅台红军酒
（53%vol 50ml）

15年陈酿
（53%vol 50ml）

30年陈酿
（53%vol 50ml）

50年陈酿
（53%vol 50ml）

2009年盛世典藏酒版套装（6瓶）
注：另一种外盒是茅台国营60周年纪念（1951~2011）

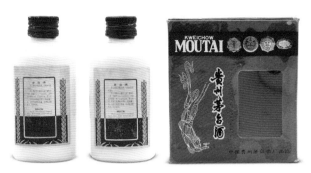

2002年12月31日
（53%vol 50ml）

20世纪80年代飞天牌
（简体"贵" 53%vol 50ml）

第七届中国国际酒类博览会

2003年11月23日（53%vol 50ml）

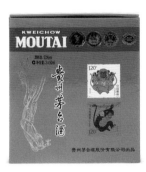
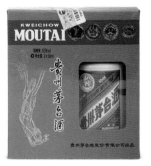

2015年1月国酒定制
（乙未年53%vol 50ml）

2016年1月国酒定制
（丙申年53%vol 50ml）

2016年第十一届贵州旅游
产业大会纪念
（53%vol 50ml）

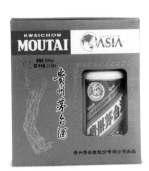

2017年遵义茅台机场纪念
（53%vol 50ml）

2004年10月6日非卖品
（50ml）

2018年3月19日
（53%vol 50ml）×2

附 录

品鉴·收藏

1958~1996年茅台酒瓶盖瓶底特征

1958年
金轮牌瓶盖

1959年
金轮牌瓶盖

1960年
金轮牌瓶盖

1968年
大贵飞天牌瓶盖

1969年
五星黄酱瓶盖

1970年
五星三大瓶盖

1972年
飘带葵花牌瓶盖

1978年
"三大葵花"牌瓶盖

1982年
"三大革命"瓶盖

1983年
五星黄酱瓶盖

1984年
飞天黄酱瓶盖

1985年
五星黑酱瓶盖
（八角盖）

1985年9月16日飞天牌瓶盖瓶底（深坑薄边圈足）

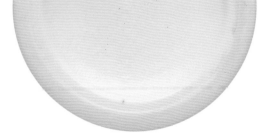

1986年五星牌瓶盖瓶底

508

1986年飞天牌瓶盖瓶底

1987年瓶盖瓶底（"BO底"）

1987年瓶盖瓶底（"深坑底"）

1987年瓶盖瓶底（"双菱底"）

1987年瓶盖瓶底（"双横单菱底"）

1987年瓶盖瓶底（"三角X底"）

1987年瓶盖瓶底（"盆花底"）

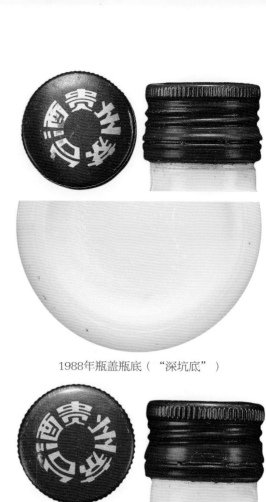

1988年瓶盖瓶底（"深坑底"）

1988年瓶盖瓶底（"三角底"）

1988年瓶盖瓶底（"清玻底"）

1988年瓶盖瓶底（"口字底"）

1988年瓶盖瓶底（"双横单菱底"）

1989年瓶盖瓶底（"单横底"）   1989年瓶盖瓶底（"V字底"）

1989年瓶盖瓶底（"圈M底"）   1989年瓶盖瓶底（"深坑平底"）

1989年瓶盖瓶底（"圈M底"）   1989年瓶盖瓶底（"深坑平底"）

1990年瓶盖瓶底（"圈底"）

注：1990年防盗扭断连接扣点由8个改成10个扣点，如黑色箭头所指处

1990年瓶盖瓶底（"四横清玻底"）

1990年瓶盖瓶底（"圈M底"）

1991年瓶盖瓶底（"清玻底"）

1991年瓶盖瓶底（"清玻三横底"）

1991年瓶盖瓶底（"厚胎足圈M底"）

1992年瓶盖瓶底（MT）

1992年瓶盖瓶底（"清玻下二横底"）

1992年瓶盖瓶底（"MT下500底"）

1993年瓶盖瓶底（"圈MT下景玻底"）

1993年瓶盖瓶底（"圈MT下景玻底"）

1993年瓶盖瓶底（"圈MT下5景玻底"）

513

1994年瓶盖瓶底（"圈MT美工下5底"）

1994年瓶盖瓶底（"圈MT下5美工底"）

1994年瓶盖瓶底（"圈MT下5美工底"）

1994年瓶盖瓶底（"圈外布点底"）

1994年10月瓶盖瓶底（"圈MT下5美工4底"）

1995~1996年瓶盖瓶底（"圈MT下5美工底"）

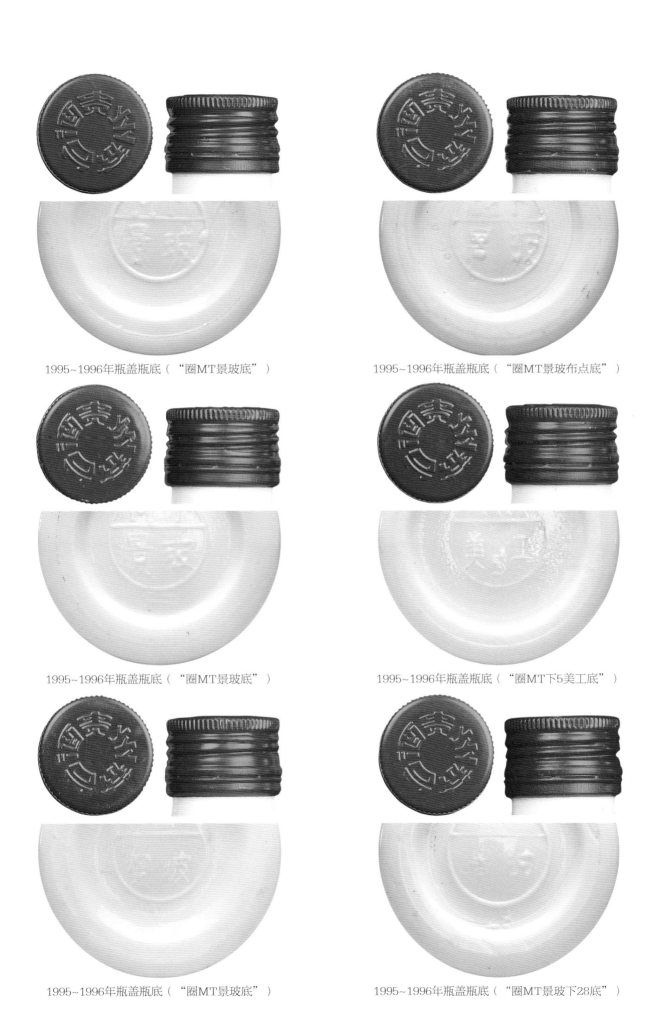

1995~1996年瓶盖瓶底（"圈MT景玻底"）　　　　1995~1996年瓶盖瓶底（"圈MT景玻布点底"）

1995~1996年瓶盖瓶底（"圈MT景玻底"）　　　　1995~1996年瓶盖瓶底（"圈MT下5美工底"）

1995~1996年瓶盖瓶底（"圈MT景玻底"）　　　　1995~1996年瓶盖瓶底（"圈MT景玻下28底"）

1953~2021年茅台酒注册标识演变图示

1953年金轮

1954年金轮

1955年金轮（出口细瓶小嘴）

1955年金轮（细瓶小嘴）

1955~1957年金轮

1955~1957年金轮

1957年金轮

1958年1月5日金轮

1958年金轮（绿美人）

1958年6月20日金轮

1958年9月22日金轮

1959年6月2日金轮

1959年8月8日金轮　　　　　1960年金轮　　　　　1961年金轮（贵州省茅台酒厂谨启）

1963年金轮　　　　　1965年金轮　　　　　1965年金轮

1966年2月1日金轮　　　1967年1月11日五星（乳玻瓶）　　1967年5月20日五星（白瓷瓶）

1968年2月1日五星（白瓷瓶）　　1968年11月2日五星　　　　1969年五星

1970年五星（长颈瓶）　　　　1970年8月22日五星　　　　1971年5月5日五星

1972年2月26日五星　　　　1972年4月23日五星　　　　1973年4月5日五星

1974年9月25日五星　　　　1975年五星　　　　1976年3月3日五星

1976年6月五星　　　　1977年10月25日五星　　　　1977年11月五星

1978年11月23日五星

1979年4月16日五星

1980年12月6日五星

1981年8月14日五星（三粒）

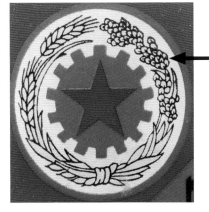

1982年9月五星（两粒）

1983年2月3日五星

1983年7月4日五星

1984年10月16日五星

1985年3月18日五星

1986年9月5日五星

1986年12月24日五星（铁盖）

1987年8月24日五星（铁盖）

1987年五星（大背标）

1988年11月25日五星

1989年7月23日五星

1990年3月14日五星

1990年8月11日五星

1991年8月9日五星

1991年10月4日五星

1992年7月6日五星

1993年10月9日五星

1994年4月22日五星

1995年5月12日五星

1996年4月13日五星

1996年8月21日五星

1996年12月25日五星

1997年1月21日五星

1998年11月18日五星

1999年3月4日五星

2000年6月7日五星（贴纸商标）

2000年6月14日五星（不干胶商标）

2000年10月12日五星

2001年2月7日五星

2002年1月14日五星

2003年3月4日五星

2004年7月21日五星

2005年11月28日五星

2006年8月2日五星

2007年4月3日五星

2008年5月12日五星

2009年7月30日五星

2010年5月13日五星

2011年9月3日五星

2012年10月18日五星

2013年3月15日五星

2014年11月26日五星

2015年5月19日五星

2016年7月12日五星

2017年7月17日五星

2018年6月4日五星

2019年4月15日五星

2003年6月3日五星（大会堂）

2004年9月29日五星（大会堂）

2005年6月15日五星（大会堂）

2005年12月8日五星（大会堂）

2006年3月30日五星（大会堂）

2007年6月29日五星（大会堂）

2007年9月21日五星（大会堂）

2014年2月18日五星（大会堂）

2016年11月19日五星（大会堂）

1958年飞仙

1959年飞仙

约1959~1961年飞仙

约1963年飞仙 500克

1965~1967年飞仙（瓷瓶木塞 陈年绿标）

1967年飞天

1968年飞天

1966~1971年飞天（乳玻瓶）

1968~1971年飞天（出口日本 500克乳玻瓶）

约1964年飞天（白瓷瓶250克）

1968年飞天（乳玻瓶250克）

1971年飞天（出口日本 250克）

1975年飞天

1976年飞天

1976年飞天

1977年飞天

1978~1979年飞天（黄色封膜 红丝带）

1978年飞天（粉膜）

1979年飞天（紫膜）

1980年飞天（黄膜）

1981年飞天

1982年飞天

1983年飞天

1983年飞天

1985年飞天（塑盖500ml）

1985年9月16日飞天（铁盖500ml）

1986年飞天（铁盖500ml）

1987年飞天（铁盖500ml）

1988年飞天（铁盖500ml）

1989年飞天

1989年飞天（大"M"）

1990年飞天（地图标小"m"）

1990年8月7日飞天

1991年8月27日飞天

1992年飞天

1993年9月20日飞天

1994年1月15日飞天

1995年7月25日飞天（铁盖）

1996年1月17日飞天（铁盖）

1996年9月24日飞天（塑盖）

1996年10月14日飞天（塑盖）

1997年6月8日飞天（纪念香港回归）

1997年10月17日飞天

1998年3月18日飞天

1998年8月16日飞天

1999年9月28日飞天

2000年8月9日飞天（贴纸商标）

2000年8月9日飞天（不干胶商标）

2000年11月29日飞天

2001年11月29日飞天

2002年12月11日飞天

2003年7月31日飞天

2004年10月6日飞天

2005年12月21日飞天

2006年3月29日飞天

2007年1月15日飞天

2008年12月20日飞天

2009年12月18日飞天

2010年12月3日飞天

2010年9月15日飞天（裙摆断开）

528

2010年12月20日飞天（裙摆闭合）

2011年1月21日飞天

2012年7月12日飞天

2013年3月25日飞天

2014年3月17日飞天

2015年11月9日飞天

2016年6月29日飞天

2017年8月21日飞天

2018年6月2日飞天

2019年8月20日飞天

2020年5月19日飞天

2021年3月6日飞天

1986~1987年珍品（1704）

1987~1988年珍品（贴纸方印压陈年）

1987年珍品（"T"字头方印500ml）

1987年珍品（"T"字头方印200ml）

1987年珍品（"T"字头方印125ml）

1987年珍品（"T"字头方印50ml）

1988年珍品（方印）

1989~1990年珍品（大"M"）

1990年珍品（大"M"大曲印）

1990年珍品（小"m"大曲印）

1990年珍品

1991年珍品

1992年珍品

1993年珍品

1994年珍品

1995年8月4日珍品

1996年3月28日珍品（铁盖）

1996年8月29日珍品（塑盖）

1997年10月14日珍品

1998年8月16日珍品

1998年8月21日珍品

1999年10月14日珍品

2000年3月9日珍品

2000年11月16日珍品

2001年12月28日珍品

2002年9月14日珍品

2003年9月14日珍品

2004年8月19日珍品

2005年12月30日珍品

2006年10月26日珍品

2007年4月18日珍品

2008年7月30日紫砂珍品

2010年7月7日珍品

2011年12月28日紫砂珍品

2003年5月22日国宴专用（大头）

2003年12月30日国宴专用

2007年9月11日国宴专用（大头）

2008年12月30日国宴专用

2010年4月27日国宴专用

2011年7月15日国宴专用

2013年1月24日精品

2013年2月19日国宴专用

2017年1月20日匠心

2017年4月14日精品

2018年9月24日精品

2019年5月22日精品

2020年8月7日精品

2021年2月25日精品

1987年珍品陈年（塑盖540ml）

1987年 珍品陈年（两个杯）

1990年陈年（大"M"）

1993年陈年（小"m"）

1997年5月8日陈年

2003年6月30日铁盖

2004年5月25日铁盖

2005年铁盖

2006年铁盖

2007年铁盖

2008年铁盖

2009年铁盖

1971年11月8日葵花

1972~1974年葵花

1972~1974年葵花（出口日本）

1972~1974年葵花(出口意大利)

1978年3月22日葵花（三大）

1978年葵花（三大）

1971~1974年葵花250克（飘带）

1981年1月27日葵花250克（三大）

1982年葵花250克

2010年铁盖

2013～2017年后铁盖

1983年葵花250克

品鉴1958~2021年茅台酒（北京站）

2016年9月19日，特邀嘉宾及众筹嘉宾合影留念（人民大会堂华东厅）。
前排左起：迟志亮、杨振东、王刚
后排左起：刘博、辛玉涛、杨金贵、李明强、史世武、皮伟平、冯冲、陈伟宏、邵文宝

1982年4月1日五星茅台酒（"三大革命"）

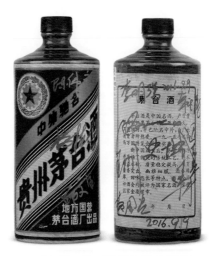

1983年7月14日五星茅台酒（黄酱）

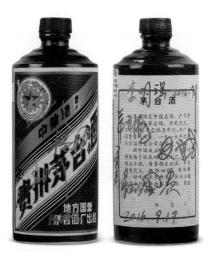

1985年6月9日五星茅台酒（黑酱）

品鉴1958~2021年茅台酒（上海站）

2016年9月29日，特邀嘉宾及众筹嘉宾在上海老饭店合影留念。
前排左起：徐英、季克良
后排左起：侯炯、冯冲、杨振龙、王浩骅、王浩、杨振东、李明强、史世武、迟志亮、
汤伟群、万连方、辛玉涛、刘博、邵文宝

1984年大飞天茅台酒（飞天黄酱）　　　1985年大飞天茅台酒　　　1987年珍品茅台酒（一七〇四）

品鉴1958~2021年茅台酒（广州站）

2017年6月21日，特邀嘉宾及众筹嘉宾在广州酒家合影留念。
前排左起：王科、邬宏基、许大同、杨振东
后排左起：杨振龙、辛玉涛、侯炯、李明强、史世武、王伟、易玮、严朋、邵文宝

1972年飘带葵花茅台酒

1978年3月8日葵花茅台酒

1993年陈年珍品茅台酒

2014年酱瓶茅台

品鉴1958~2021年茅台酒（北京站）

2017年10月14日，特邀嘉宾及众筹嘉宾在北京饭店谭家菜馆合影留念。
前排左起：许大同、宋书玉、杨振东、李明强
后排左起：杨振龙、张辉、刘海坡、史世武、牛学好、陈鹏、冯冲、王浩骅、梁万民、邵文宝、梁万宝

| 2005年5月18日 | 2005年5月20日 | 2005年4月12日 | 2005年12月21日 | 2005年 |
| 80年茅台酒 | 50年茅台酒 | 30年茅台酒 | 15年茅台酒 | 新铁盖茅台酒 |

品鉴1958~2021年茅台酒（贵州茅台酒厂站）

2017年9月30日，特邀嘉宾及众筹嘉宾在贵州茅台酒厂3号会议室合影留念。
前排左起：杨振东、何作如、马耿明、许大同
后排左起：陈鹏、史世武、冯冲、李明强、梁万民、张辉、王浩骅、杨振龙

1958年10月2日金轮牌茅台酒

1959年2月3日金轮牌茅台酒

1960年1月8日金轮牌茅台酒

2017年9月30日首届茅粉节
"酱香远播隽永珍藏老酒回家"活动纪念
（1958年和1988年勾兑而成总数量15瓶）

2017年9月30日首届茅粉节
"酱香远播隽永珍藏老酒回家"活动纪念
（1959年和1989年勾兑而成总数量15瓶）

2017年9月30日首届茅粉节
"酱香远播隽永珍藏老酒回家"活动纪念
（1960年和1990年勾兑而成总数量15瓶）

2017年9月30日，贵州茅台酒厂品鉴会集影。

品鉴1958~2021年茅台酒（北京站）

2017年10月19日，特邀嘉宾及众筹嘉宾在钓鱼台国宾馆合影留念。
前排左起：马哲非、许大同、杨立春、杨振东、王晖、刘勇、周广军
后排左起：邵文宝、辛玉涛、史世武、梁万民、冯冲、李明强、张辉、牛学好、杨振龙、梁万峰、程波

1968年繁体"贵"飞天茅台酒　　　1969年五星黄酱茅台酒　　　1970年7月"三大革命"茅台酒

品鉴1958~2021年茅台酒（上海站：新荣记）

2018年4月10日，特邀嘉宾及众筹嘉宾在新荣记–荣府宴合影留念。

1978年12月5日	1988年2月29日	1998年9月3日	2008年4月11日	2018年2月2日
"三大革命"茅台酒	五星牌贵州茅台酒	飞天牌贵州茅台酒	飞天牌贵州茅台酒	飞天牌贵州茅台酒

品鉴1958~2021年茅台酒（杭州站）

2018年5月29日，特邀嘉宾及众筹嘉宾在西泠印社拍卖有限公司合影留念。
左起：张海金、冯冲、杨振东、陆境清、季克良、杨振龙、胡义明、陈林林

| 1977年8月19日 "三大革命"茅台 | 1989年11月23日 贵州茅台酒（铁盖） | 1993年12月21日 贵州茅台酒（铁盖） | 1999年8月31日 贵州茅台酒 | 2007年11月19日 贵州茅台酒 | 2017年5月8日 贵州茅台酒 |

2018年5月29日，西泠印社拍卖有限公司品鉴会集影。

品鉴1958~2021年茅台酒（北京站）

2021年5月15日，特邀嘉宾及众筹嘉宾在北京名扬轩老酒俱乐部合影留念。
前排左起：李飞、胡福生、崔公磊、林炼江、靳晓博、鄢广霞、林丽香、刘波、谢智锋
后排左起：杨振龙、史世武、冯冲、刘剑锋、陈连茂、杨振东、郑杰、孙顺、靳传朋、吴俊杰、吴家忠

2003年	2003年	2003年	2002年	2003年	2003年	2003年	2003年	2003年
9月1日	3月5日	6月30日	9月26日	6月30日	6月3日	6月3日	5月12日	9月20日
十五年	三十年	五十年	八十年	铁盖	人民大会堂	国宴专用	珍品	飞天

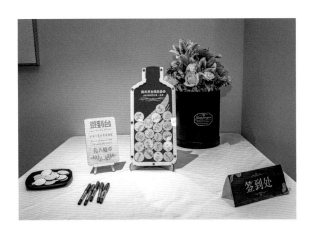

2021年5月15日，北京名扬轩老酒俱乐部品鉴会集影。

品鉴1958~2021年茅台酒（色泽、酒花、空杯留香）

注：以下为1958~2017部分茅台酒的图片，其色泽、酒花时间、空杯留香时间均为作者与茅台酒收藏挚友经过众筹品鉴会所得，数据真实有效，供读者参考。

1958年10月2日金轮牌
规格500g 重量887g
空杯留香：6天

1959年2月3日金轮牌
规格500g 重量735g
空杯留香：4天

1960年1月8日金轮牌
规格500g 重量613g
空杯留香：5天

1968年大贵飞天
规格500g 重量975g
酒花26秒 空杯留香：2天

1969年五星黄酱
规格500g 重量972g
酒花7秒 空杯留香：3天

1970年"三大革命"
规格500g 重量1005g
酒花30秒 空杯留香：5天

1972年飘带葵花
规格500g 重量1017克
酒花64秒 空杯留香：5天

1978年三大葵花
规格500g 重量1021g
酒花23秒 空杯留香：7天

1982年"三大革命"
规格500g 重量1045g
酒花26秒

1983年五星黄酱
规格500g 重量1024g
酒花69秒

1984年飞天黄酱
规格540ml 重量1029克
酒花48秒

1985年大飞天
规格540ml 重量1086g
酒花42秒

1985年地方国营
规格500g 重量1057g
酒花31秒

1985年五星黑酱
规格500g 重量1008g
酒花30秒

1987年飞天铁盖
规格500ml 重量992g
酒花39秒

1987年五星铁盖
规格500ml 重量968g
酒花32秒

1987年一七〇四珍品
规格500ml 重量1016g
酒花46秒

1992年飞天铁盖
规格500ml 重量998g
酒花48秒

1992年五星铁盖
规格500ml 重量980g
酒花42秒

1992年珍品铁盖
规格500ml 重量969g
酒花52秒

1993年三个杯陈年
规格500ml 重量963g
酒花71秒 空杯留香：6天

1997年飞天牌
规格500ml 重量957g
酒花31秒

2001年飞天牌
规格500ml 重量958g
酒花32秒

2001年珍品
规格500ml 重量956g
酒花35秒

品鉴1958~2021年茅台酒（色泽、酒花、空杯留香）

2001年15年陈
规格500ml 重量981g
酒花36秒

2001年30年陈
规格500ml 重量1083g
酒花32秒

2001年50年陈
规格500ml 重量1028g
酒花38秒

2002年9月26日80年陈
规格500ml 重量1071g

2003年9月20日飞天
规格500ml 重量943g

2003年5月12日珍品茅台
规格500ml 重量955g

2003年6月3日人民大会堂
规格500ml 重量928g

2003年6月3日国宴专用茅台
规格500ml 重量940g

2003年6月30日铁盖茅台
规格500ml 重量932g

2003年9月1日15年陈
规格500ml 重量935g

2003年3月5日30年陈
规格500ml 重量1000g

2003年6月30日50年陈
规格500ml 重量1045g

2005年12月30日 飞天牌
规格500ml 重量973g
酒花28秒

2005年6月6日 珍品茅台
规格500ml 重量953g
酒花37秒 空杯留香：3天

2005年新铁盖茅台
规格500ml 重量975g
酒花35秒 空杯留香：4天

2005年12月21日 15年陈
规格500ml 重量935g
酒花28秒 空杯留香：3天

2005年4月12日 30年陈
规格500ml 重量1076g
酒花26秒 空杯留香：4天

2005年5月20日 50年陈
规格500ml 重量966g
酒花46秒 空杯留香：5天

2005年5月18日 80年陈
规格500ml 重量1115g
酒花30秒 空杯留香：4.5天

2010年 飞天牌
规格500ml 重量950g
酒花26秒

2017年11月2日 飞天牌
规格500ml 重量960g
酒花30秒

2017年精品
规格500ml 重量960g
酒花30秒

2019年 飞天
规格500ml 重量960g
酒花30秒

2021年 飞天
规格500ml 重量960g
酒花30秒

品鉴1958~2021年茅台酒分享

从2017年9月19日开始，我们在北京、上海、广州、深圳、茅台酒厂会议中心等地先后组织了9场众筹陈年茅台酒品鉴会和3次陈年茅台酒爱好者交流品鉴会，品鉴了从1958年金轮牌到2021年计52瓶茅台酒。有134人次嘉宾参加，29位特邀嘉宾出席，在此衷心感谢中国酒业协会理事长宋书玉先生、茅台集团季克良先生、王莉老师、王崇林老师、万波老师、王刚老师等特邀嘉宾出席，在9场众筹陈年茅台酒品鉴会共得到了51份品鉴记录资料。根据这些资料及笔者17年职业经营陈年茅台酒的经验，整理了以下关于陈年茅台酒的观点，与大家分享。

一、陈年茅台酒的标准

1.酒满：现存酒量在原标准规格量的95%以上为酒满。

2.酒花好：开酒后，将酒倒入透明玻璃瓶（约750毫升）内，快速上下摇晃7次，待酒花消散到有3~6个高粱粒大小的连接酒气泡时，这段时间在25秒以上为酒花好。

3.品相好：正标、背标、酒盖封膜、酒盒的保存完好度在90分以上（满分100），为品相好。品相好说明存酒的环境好，酒不容易有杂味。

4.不跑气：晃几下整瓶酒后，鼻子贴近瓶口，无酒味或有酒的干香味，无明显的水汽味，为不跑气。

二、陈年茅台酒的香气特点

老熟香、酱香、窖底香、醇甜，主要香味有青草香、坚果香、果甜香、苦咖啡香、陈香、酱味、杏仁味、曲子味、蜂蜜味、陈味、烘烤焦香味，老茅台酒香气是有力量的，是由内而外的，像花朵一样绽放。

三、陈年茅台酒的口感特点

沉着大方，幽雅细腻，酒体醇厚丰满，从舌尖沿着舌两侧微酸，生津后自然入喉，落口爽净醇甜，酒香沉入心脾后再满口生香。1958~1970年五星闻老熟香，品老陈味；1977~1980年"三大革命"有特殊果甜香；1968~1975年飞天或葵花有馥郁花果香的窖底香，落口爽净醇甜；1981~1987年老茅台酒品最佳老熟香，酒体清晰纯粹，回香满口；1988~1993年老茅台酒品酱香浓郁，后味焦香，回味悠长；1994~1997年老茅台酒的口感细腻丰富；1986~1990年老珍品茅台有蜂蜜味的窖底香；1997~2005年年份茅台酒的酒体层次十分丰富。

四、品味陈年茅台酒时的注意事项

1.陈年茅台酒色泽不是越老越黄，也不是色泽越发黄品质越好。相对而言，1991~1997年茅台酒和1997~2005年年份茅台酒的色泽较发黄。

2.不要随意勾调好品质陈年茅台酒。品味一瓶好的陈年老酒，就是品味几十年时间的纯粹味道，时间是最好的调酒师。

3.品味陈年茅台酒要提前醒酒25~35分钟为宜，然后再深切品味陈年茅台酒口感及香气的变化。

4.品鉴陈年茅台酒要选用专业标准（容量、器型、材质）的白酒品鉴酒杯，笔者个人品味老酒时喜欢用75毫升的白瓷酒杯。

5.品味陈年茅台酒要适量，不要掺酒，要做到酒前欣赏酒、酒中品味酒、酒后感受酒、次日早起回味酒。

6.品味高度陈年茅台酒时，常有人说"这酒很冲"的原因，为细分3种：（1）1988年前的茅台酒约55%vol，度数高；（2）酒体香气自然、酒劲十足、口感有型、落口爽净，这种口感也是正常的；（3）酒体香气不协调，酒劲生硬，辣口辣舌辣喉，落口酸、涩、苦，这种口感不正常。

7.1977~1981年有些陈年茅台酒有类似樟味，原因有待研究。也有部分人群十分喜爱这种味道。

以上见解，是通过从2017年9月19日至2021年5月15日9次众筹品鉴会得到的品鉴结果，仅供参考。

杨振东
2021年5月21日

茅台酒鉴别要点

1941~1960年茅台酒鉴别要点

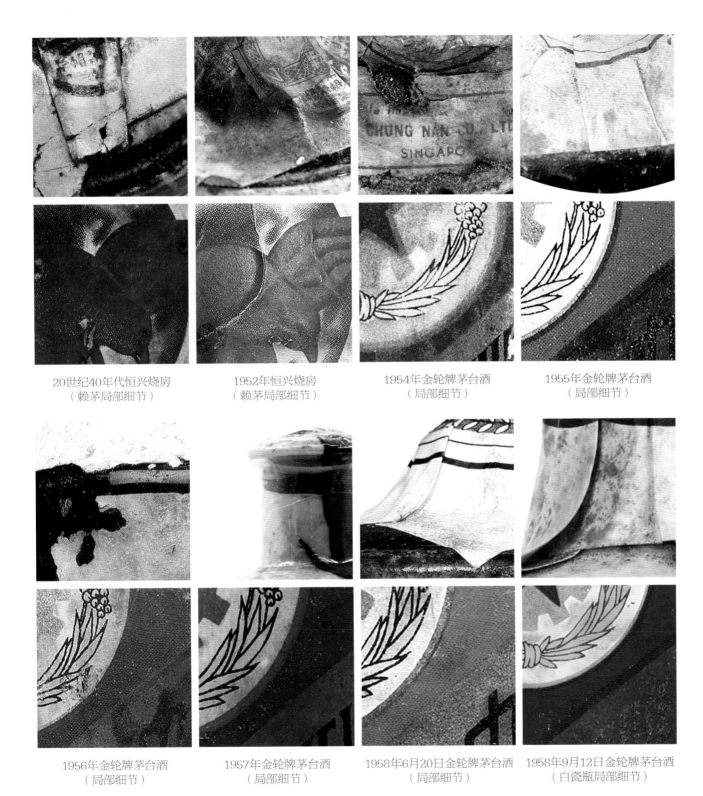

20世纪40年代恒兴烧房
（赖茅局部细节）

1952年恒兴烧房
（赖茅局部细节）

1954年金轮牌茅台酒
（局部细节）

1955年金轮牌茅台酒
（局部细节）

1956年金轮牌茅台酒
（局部细节）

1957年金轮牌茅台酒
（局部细节）

1958年6月20日金轮牌茅台酒
（局部细节）

1958年9月12日金轮牌茅台酒
（白瓷瓶局部细节）

1959年飞仙牌茅台酒
（白瓷瓶局部细节）

1959年2月3日金轮牌茅台酒
（局部细节）

1959年6月2日金轮牌茅台酒
（飘带白瓷瓶局部细节）

1960年1月8日金轮牌茅台酒
（局部细节）

一、封盖

20世纪40年代，恒兴烧房生产的"赖茅"瓶口封纸为锡箔背胶纸。

1953~1960年，茅台酒封口为油纸包木塞，塞进瓶口密封，外用猪尿泡皮绑扎，再用封盖纸封口。

1954~1965年，茅台酒封口纸的图案为贵州、齿轮、麦穗，图案较浅；其中"貴"字为繁体，"州"字为艺术篆体，美观大方。1954~1956年封口纸贵州图案较小，1957~1962年封口纸贵州图案较大些，1963~1966年封口纸标贵州图案字体较细。

1958-1959年，金轮茅台酒首次采用两端绣有"中國貴州茅台酒"字样的红色飘带系于红色塑盖顶上，并缠绕于瓶颈后，采用塑盖顶软木塞封口，外再用淡黄色胶膜封口（此胶膜经酒精浸泡后套在瓶盖上会自行收缩）。

1959年以前飞仙茅台酒采用塑顶盖软木塞，软木塞用油纸包裹后塞入瓶口封盖，系有红色飘带，外套淡黄色封膜封口。

1941~1960年，茅台酒封盖看封盖纸或塑料封膜和瓶口结合的岁月陈旧感，整体包浆是否自然。

二、瓶体

20世纪40年代，恒兴烧房生产的"赖茅"柱形陶瓶，小口，平肩，瓶身呈圆柱形三节瓶，通体施酱色釉，瓶底无釉。

1951~1956年茅台酒瓶共有3种色彩的酒体包装，分别为内销的黑褐色釉、黄褐色釉和外销的灰黄瓷瓶。外销的茅台酒包装由土陶瓶改用不透光瓷瓶包装，酒瓶颈加高，一般为黑褐色釉。

1958年茅台酒瓶通体施釉，胎质较粗，密度小，易渗漏，瓶底无釉，与其他年代的瓶相比显得较为粗大，瓶底有手写体的阿拉伯数字。

1957~1959年金轮茅台酒瓶颈较高，外包裹白色棉纸，纸质较粗糙。

1959~1962年飞仙茅台酒瓶体为白色瓷瓶，通体施釉均匀，瓶型规整，线条突出，釉色发青，胎质细腻，光泽匀润，瓶底露胎，足圈较宽，胎质较厚，并缠贴印刷有"中國贵州茅台酒"的封签纸。

三、酒标

20世纪40年代，恒兴烧房生产的"赖茅"商标从左到右依次为字母"R""Q""Y""M""Q""U"，商标正中的图案为一只蓝色的大鹏展翅于日晕形背景之上 图下有一行小字"TRADE MARK"，其下则为蓝底白字、从右至左的"赖茅"两个大字，最下从右至左是"贵州茅台村恒興酒廠出品"字样。在瓶体上与正标相对应的一面贴有一张背标，比正标略小，背标有"日晕"背景的展翅大鹏图案。

1953年金轮茅台酒瓶贴印有由金色齿轮麦穗、谷穗和红色五星组成的金轮图案，此商标即五星商标的前身。此酒标正标红底金边，左上角为金轮商标，中间为白底红字书"贵州茅苔酒"，上下附有黑白相间的斜线，使其具有立体感。其中"贵"字为繁体"貴"字，"台"字为"苔"字。斜线上方烫金部分印刷有黑色"中外驰名"四字，右下角书"國營仁懷酒廠出品"。

1954年贵州茅台酒背标的内容文字为繁体字，出口外销的茅台酒为金轮牌。 正标"中外驰名"前加印"MOU-TAICHIEW"，正标右下角为中 英文对照"地方国营茅台酒厂出品" 其中"國""營""廠"为繁体。

贵州茅台酒厂从1953年一直到1955年，标签上"贵州茅台酒"的"台"都是为"苔"字，"贵"为繁体的"貴"字。1955年4月开始，仅是正标"贵州茅台酒"的"苔"改为"台"，其余正标和背标上的字体均为繁体字。正标右下角的字由"国营仁怀酒厂山品"改为"地方国营茅台酒厂出品"。

1957年12月，内销金轮茅台正标繁体"貴"改为简体"贵"。

1958年5月，内销金轮茅台正标文字由繁体字改为简体字。标右下角的"地方国营茅台酒厂出品"的"品"字三个口之间，下面的两个"口"是相连的，而非是独立的三个"口"。

1958年，外销金轮茅台正标为中英文对照，背面商标与内销一样，正标右下角的"地方國营茅台酒廠出品"的"品"字三个"口"是分开的。背标落款内容为"地方國营茅台酒廠謹啓 一九五五年 月 日"。

1959年，内销的金轮茅台酒背标由繁体字改为简体字。

1959年飞仙茅台酒，此酒标为最早的飞仙商标，正标主体为红色基调，左上角为飞仙商标，上披白底红字"贵州茅台酒"，上方配有其英文翻译"KWEICHOW MOU-TAI CHIEW"。右下角印有繁体"中國茅台酒廠出品"的中英文字样。背标上方为繁体汉字说明，下方为对照的英文说明。

20世纪五六十年代，土陶瓶商标中的"贵州茅台酒"5个字在印刷时增加了黑色的横线，以增加美感和防伪，背标落款"地方国营茅台酒厂谨启 一九五 年 月 日"。

参照1958~1996年茅台酒瓶盖瓶底特征与1953~2021年茅台酒注册标识演变图示相对应年份的注册标识，以及1941~1960年图示的局部细节图，看正标红色、烫金色、黑色线条；正标、背标和瓶体长时间贴合的状态，也就是包浆贴合是否自然，以及正标烫金氧化是否自然。1953~1965年五星牌茅台酒正标红色部分放大成网格状。

四、酒花

主要闻瓶口的陈香味，和是否有跑过酒的水汽味。

五、日期

1953~1955年，茅台酒日期为印刷体汉字，即日期是直接印刷上的，不同于后期的手工盖章，如"一九五三年 月 日"。

1955年，茅台酒在原印刷体日期位置加盖蓝色大写日期，此法沿用到1966年。

1960~1966年茅台酒鉴别要点

1961年小酒版茅台酒50g装
（局部细节）

1962年飞仙牌茅台酒
（局部细节）

1963年金轮牌茅台酒
（局部细节）

1965年10月1日金轮牌茅台酒
（局部细节）

1966年2月1日五星牌茅台酒
（局部细节）

1966年4月1日飞天牌茅台酒
（白瓷瓶局部细节）

1966年飞天牌茅台酒
（乳白玻璃瓶局部细节）

1966年飞天牌茅台酒250g装
（乳白玻璃瓶局部细节）

一、封盖

1960~1966年金轮茅台酒封口用油纸包裹木塞入瓶口，外用猪尿脬皮青麻丝扎紧，再用封盖纸封口。

1962年飞仙茅台酒塑盖软木塞，暗红色封膜，系有红飘带，飘带较短。

1963年金轮茅台酒软木塞封盖，外贴封盖纸标，盖顶封口标有"贵州"二字，字体明显变细。

1960~1966年飞仙茅台薄塑料盖内嵌木塞封口，外系飘带套大红色酒精封膜，封膜有磨砂感，飘带长。

1965年金轮茅台酒短口木塞，外套红胶封膜呈暗红色。

1966年金轮茅台油纸包裹软木塞封口，外套封膜，封膜有金色或红色两种，封膜较薄，封皮底部收边自然。

1960~1966年，茅台酒的封盖看封盖纸、塑封膜和瓶口结合时间的陈旧感，也就是看包浆贴合是否自然及看塑封膜底部收缩边缘是否自然。

二、瓶体

1960~1961年金轮茅台为土陶瓶，瓶颈短，瓶体表面粗糙，不规则，底足四周露胎，底部无釉。

1960年飞仙茅台为白色瓷瓶，瓶肩有三级台阶，但凸出不明显，一般为中等正常瓶嘴，少有矮瓶嘴和高瓶嘴。部分瓷瓶瓶底无足圈，瓶底上釉，多数足圈不上釉。1962年瓶体规整匀称，线条突出，釉色青白，整体美观大方。

1963年金轮茅台酒土陶瓶，瓶颈略长，瓶肩两侧有条凸起的棱线，瓶肩部釉色较深，胎泽较薄，质感较脆，瓶底无釉无数字编号。

1964~1966年，外销的飞仙茅台为白瓷瓶，短瓶口，质地较厚，外包裹棉纸，棉纸上印有红色"中國貴州茅台酒"。

1965年金轮茅台为黄褐色土陶瓷瓶，瓶颈有两条凸起的线，瓶体黄釉细腻有光泽，胎质较薄。

1966年金轮茅台酒为白釉瓷瓶，瓶颈略短，瓶肩相对凸起，釉色白丽，瓶体胎质较薄。

三、酒标

1960~1961年五星茅台前标为简体字"贵"字少一划的五星标，背标的"貴"为繁体字，背标竖排落款为"贵州省茅台酒厂谨启"，日期为"一九五"简体字。其中，日期中的"一九六O年"的"O"又大又圆。

1960年飞天茅台的商标图案和字体粗糙，背标上的英文字母印刷书写格式不规范，"茅"字原双十"＋＋"字头变成一横两竖的草字头"茅"；前标的"貴"少一划的繁体字；飞天女脸型变瘦。

1962年金轮茅台日期为"一九"简体字背标。

1963年金轮茅台前标厂名落款字体笔划变粗；背标落款"地方国营茅台酒厂谨启　一九　　年　月　日"。

1965年金轮茅台背标比前标要略大，正标落款为"地方国营茅台酒厂出品"中的；"茅"和"品"字体有改变。背标落款"地方国营茅台酒厂谨启　一九　　年　月　日"。

1966年金轮茅台酒背标落款"贵州省茅台酒厂谨启　一九五　年　月　日"。

1966年飞天茅台酒正标及飘带上的"貴"为繁体，两条飘带上面刺绣的"中國貴州茅台酒"成对称式，背标为中英文对照说明。

参照1958~1996年茅台酒瓶盖瓶底特征与1953~2021年茅台酒注册标识演变图示相对应年份的注册标识，以及1960~1966年图示的局部细节图，看正标红色、烫金色、黑色线条；正标、背标和瓶体长时间贴合的状态，也就是包浆是否自然及正标烫金氧化是否自然。1953~1965年五星牌茅台酒正标红色部分放大成网格状。

四、酒花、酒香

主要是闻瓶口的陈香味，和是否有跑过酒的水汽味。

五、日期

1960~1961年金轮茅台日期为蓝色汉字，带"　年　月　日"。

1961~1966年飞天茅台日期标注在瓶体包裹的棉纸上，蓝色阿拉伯数字。

1962~1966年金轮茅台日期为深蓝色阿拉伯数字，不带"　年　月　日"。

1967~1972年茅台酒鉴别要点

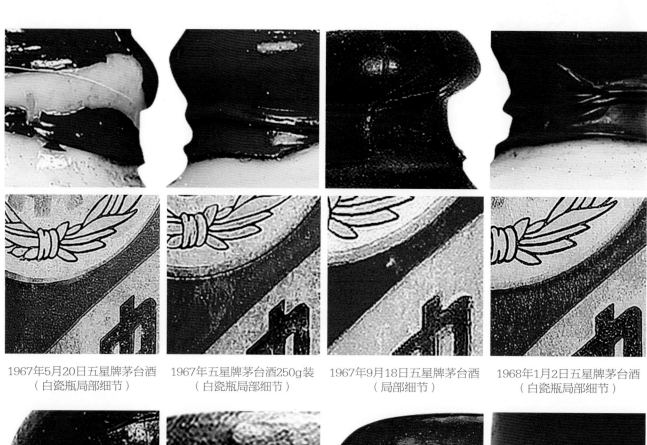

1967年5月20日五星牌茅台酒
（白瓷瓶局部细节）

1967年五星牌茅台酒250g装
（白瓷瓶局部细节）

1967年9月18日五星牌茅台酒
（局部细节）

1968年1月2日五星牌茅台酒
（白瓷瓶局部细节）

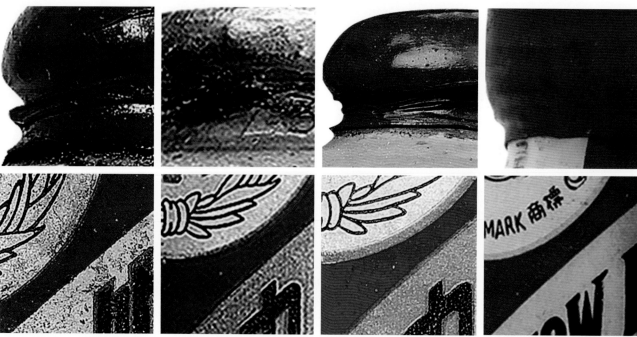

1969年五星牌茅台酒
（花褐釉酱茅局部细节）

1969年金色封膜
（局部细节）

1970年8月12日五星牌茅台酒
（局部细节）

20世纪70年代飞天牌茅台酒
（局部细节）

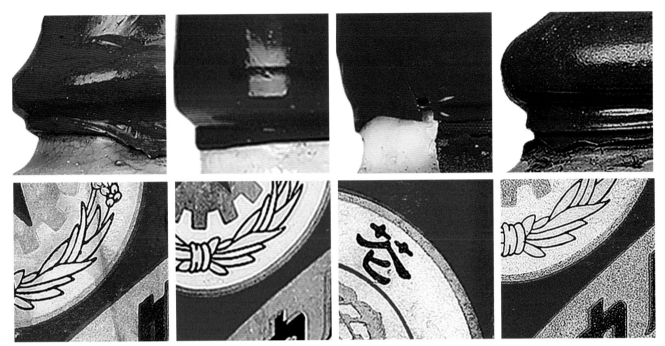

<table>
<tr><td>1971年5月5日五星牌茅台酒
（局部细节）</td><td>1971年五星牌茅台酒
（乳玻瓶"三大革命"局部细节)</td><td>1971年11月8日葵花牌茅台酒
（局部细节）</td><td>1972年3月18日五星牌茅台酒
（局部细节）</td></tr>
</table>

一、封盖

1967~1972年五星茅台有软木塞深红色封膜、金色封膜和塑螺旋盖红封膜，封膜质地较脆，容易开裂。

1967~1970年飞天茅台有塑制白色内塞螺旋外盖，系有红色飘带，外套深红色封膜，封膜较厚，深红色封膜有磨砂感，飘带较长。

1971~1972年，葵花茅台酒为红塑料螺旋盖，白色半透明塑料内塞，暗红色封膜系有红飘带，飘带较长。

1967~1972年，茅台酒的封口主要是看封膜的颜色和材质及瓶口结合时间的陈旧感，也就是看包浆贴合是否自然，以及看塑封膜底部收缩边缘是否自然。

二、瓶体

1967~1969年五星茅台有黄色土陶瓶瓶颈略高，瓶肩略平，酱色釉，釉质细腻而有光泽；白色瓷瓶瓶身略光滑，瓶颈略短，瓶肩相对凸出，瓶体胎质较薄，整体质感明显；乳白玻璃瓶瓶颈较高，肩部三级隆起明显，隆起棱线较平，底部足圈明显，瓶身和瓶底有铸瓶线，线体较粗壮，部分瓶底印有数字。

其中，1969年有花褐色釉土陶瓶，瓶体胎质较厚，瓶身较粗，瓶底露胎，足圈较宽。

1967~1969年飞天茅台有白瓷瓶和乳白色玻璃瓶，白瓷瓶瓶体整体的线条和质感明显，胎质细腻，瓶颈较短，瓶嘴较小，肩部两道隆起的棱线明显。

1970年初至1970年10月五星茅台为乳白色玻璃瓶，瓶颈较高，肩部较平，瓶体较粗。

1970~1972年五星茅台有黄色、黄褐色土陶瓶，瓶颈较短，瓶嘴较小，少数瓶嘴高且宽，多数平肩，瓶肩部位"双弦纹"明显，瓶体较粗，胎质厚实，瓶底露胎，足圈较宽；乳白玻璃瓶瓶肩略矮，瓶颈稍高，瓶肩陡平，瓶身和瓶底有铸瓶线，较之前的略不明显。

三、酒标

1967年五星茅台的4种背标：1."一九五"背标；2."一九"背标；3."一九六"背标；4.横排版背标。

1966年以前，五星茅台酒背标内容字体排版方式是从右至左竖排列；1966年后期改为从左至右横向排列，内容带有"三大革命"字样，用于内销茅台酒，从1966年开始一直使用到1983年1月。

1967~1970年飞天茅台背标中文字体较之前更瘦些，字间距排列紧密。

1967~1972年五星茅台横排版背标，背标内容带有"三大革命"字样，"三大革命"背标一直沿用至1983年1月。

1971~1972年，"飞天标"换成"葵花标"，字体为简体字。

参照1958~1996年茅台酒瓶盖瓶底特征和1953~2021年茅台酒注册标识演变图示相对应年份的注册标识，以及1967~1972年图示的局部细节图，酒标看正标红色、烫金色、黑色线条；正标、背标和瓶体长时间贴合的状态，也就是包浆贴合是否自然，以及正标烫金氧化是否自然。

四、酒花、酒香

主要是闻瓶口的陈香味，是否有跑过酒的水汽味，看乳玻瓶的酒花，在3200流明强光照射下保持时间约30秒。

五、日期

1967~1969年，为深蓝色阿拉伯数字。

1969~1972年，为深蓝色汉字，带" 年 月 日"，字格式特征为"一九六九年 八月 十四日"和"一九七〇年 四月 十八日"、"一九七〇年 四月 八日"。

1971~1974年葵花茅台酒生产日期为蓝色汉字盖印在外包裹棉的纸红色"中國貴州茅台酒"的下方。

1972~1977年茅台酒鉴别要点

20世纪70年代初葵花牌茅台酒
（局部细节）

1973年4月5日五星牌茅台酒
（"三大革命"局部细节）

1973~1974年葵花牌茅台酒
（局部细节）

1974年9月五星牌茅台酒
（"三大革命"局部细节）

一、封盖

1972~1977年，乳玻瓶五星茅台酒瓶盖为红塑料螺旋盖，封盖轮廓顶部较平，瓶顶部边缘有封膜自然收缩形成齿轮状的印记，棱角较直。封膜颜色有暗红色，深红色，哑光，表面颗粒较多，气泡坑基本没有，封膜较脆，柔韧度较弱，封膜裂口较多，且裂口弯曲自然呈不规则状。瓶盖四周防滑条棱顶部凸起明显，双层膜情况较多，瓶盖直径略大。

1974年葵花茅台酒，暗红色封膜，盖顶较平。1975年飞天茅台酒封盖较平，暗红色封膜。

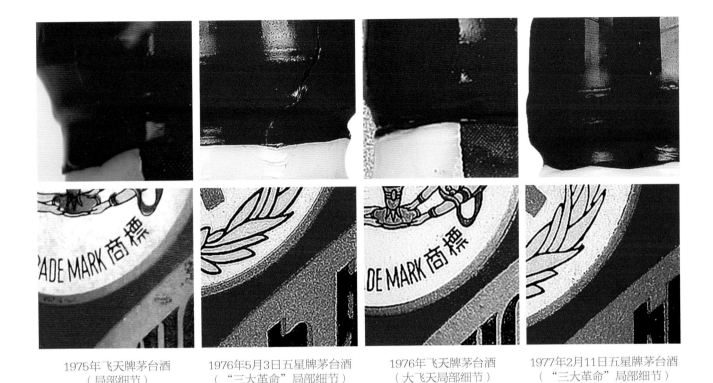

| 1975年飞天牌茅台酒 | 1976年5月3日五星牌茅台酒 | 1976年飞天牌茅台酒 | 1977年2月11日五星牌茅台酒 |
| （局部细节） | （"三大革命"局部细节） | （大飞天局部细节） | （"三大革命"局部细节） |

　　1975年葵花茅台酒为乳白色玻璃瓶，短口，塑料按压式封盖，外套红色封膜。

　　1972~1977年，茅台酒的封口看封膜的颜色和材质及瓶口结合时间的陈旧感，也就是看包浆贴合是否自然，以及看塑封膜底部收缩边缘是否自然。

二、瓶体

　　1972年土陶瓶茅台酒为黄釉，瓶颈短，瓶肩部位"双弦纹"明显，瓶体胎质较厚，瓶底露胎。

　　1972~1977年乳白玻璃瓶茅台酒瓶颈较长，瓶肩隆起台阶轮廓相对不突出，从瓶颈到瓶身的铸瓶线较明显，瓶身颜色比1977~1986年略白，表面较粗糙，瓶壁较厚，瓶体较重。

三、酒标

　　1972~1977年五星背标字体较1978~1982年略粗重。

　　1972~1977年飞天背标字体较粗，背标红色和黑色较重些，飞仙人物比五六十年代更为饱满圆润，右下角为中英文对照"中国 茅台酒厂出品"，下方有"53%VOL 106PROOF 0.54L. 18.3FL.OZ"，背标内容为中英文对照。

　　1973年以后，背标落款"台"字的"丶"书写有变化。

　　1975年飞天外销茅台酒的正背标全部文字改为简体字。在正标右下部，标注了酒精含量和容量等信息。

　　参照1958~1996年茅台酒瓶盖瓶底特征和1953~2021年茅台酒注册标识演变图示相对应年份的注册标识，以及1972~1977年图示的局部细节图，酒标看正标红色、烫金色、黑色线条；正标、背标和瓶体长时间贴合的状态，也就是包浆贴合是否自然，以及正标烫金氧化是否自然。

四、酒花

　　酒花在3200流明强光照射下保持时间约30秒。

五、日期

　　1972~1976年，生产日期为正蓝色汉字。

　　1977年五星茅台酒生产日期有蓝色手盖的汉字和阿拉伯数字两种。

1978~1986年茅台酒鉴别要点

1978年3月1日葵花牌茅台酒
（三大葵花局部细节）

1978年紫膜五星牌茅台酒
（局部细节）

1979年紫膜飞天牌茅台酒
（局部细节）

1980年8月26日五星牌茅台酒
（金膜"三大革命"局部细节）

1980年飞天牌茅台酒
（飞天紫酱局部细节）

1981年8月14日五星牌茅台酒
（"三大革命"局部细节）

1982年5月10日五星牌茅台酒
（"三大革命"局部细节）

1978~1983年葵花牌茅台酒
（小葵花局部细节）

一、封盖

1978年五星茅台酒封膜有暗红色，表面红色颗粒较多，也有淡紫色封膜。

1978年五星茅台酒封膜有淡紫色、水粉色、透明淡黄色；1979年五星茅台酒封膜有淡紫色、深紫色、透明浅黄色。

1983年4月29日五星牌茅台酒
（五星黄酱局部细节）

1983年飞天牌茅台酒
（飞天黄酱局部细节）

1983年4月11日五星牌茅台酒
250g装（地方国营局部细节）

1984年飞天牌茅台酒
（大飞天局部细节）

1985年3月22日五星牌茅台酒
（地方国营局部细节）

1985年9月16日飞天牌茅台酒
（铁盖茅台局部细节）

1986年1月31日五星牌茅台酒
（五星黑酱局部细节）

1986年12月24日五星牌茅台酒
（铁盖局部细节）

1977~1980年淡紫色、水粉色、淡黄色、浅黄色、深紫色封膜较薄，质地较脆，柔韧度极差，封膜开裂较多。

1978年葵花茅台酒盖顶部较平，无飘带。封膜颜色一般有3种：透明淡黄色，淡紫色，粉红色。大部分生产日期为1978年2~3月份。

1980年封膜有黑紫色、浅黄色、金色、正红色。

1980~1981年"大飞天"茅台酒系红色飘带，封膜一般有3种：浅黄、浅红和红色，材质为火棉胶且有光泽。

1980~1982年瓶盖有带内塞的圆螺旋盖和带内垫的八角螺旋盖，正红色封膜，瓶盖顶部略有凸起。

1980年飞天茅台酒（飞天紫酱），粉红色封口膜，0.54升无飘带，0.27升有飘带，且较长。

1981年五星茅台酒封膜为正红色，质地较薄，表面有细小红色颗粒，封膜收口较薄，瓶盖周围防滑条棱凸起更为明显，有气泡坑。

1982~1983年3月，封膜为正红色，略浅，质地较厚些，柔韧度较好，表面有细小红色颗粒，气泡坑较多些，瓶盖顶部略有凸起，有光泽。

1983年初，茅台封顶开始有"茅台"二字形成的艺术字凸起，被称为"暗记"。

目前见到最早使用扭断式防盗铝盖实物是产于1985年9月26日。

1983年4月至1986年12月五星茅台酒和1983年4月至1985年飞天茅台酒封膜为正红色，有"茅台"字样凸起暗记，凸起自然不生硬，立体感强，整体呈圆形，表面有细小红色颗粒，有气泡坑。

1983年五星茅台酒（五星黄酱）塑制内塞螺旋瓶盖，正红色封膜。

1981~1986年气泡坑特点：气泡坑呈爆破圆弧形，边缘规整。

1986年12月24日，五星茅台开始使用铝制防盗式扭断盖。

二、瓶体

1972~1986年瓶颈较短些，瓶肩台阶轮廓相对凸起。从瓶颈到瓶身的铸瓶线不明显，瓶身颜色较青，瓶体表面较光滑。

1983年飞天茅台酒（飞天黄酱），瓶底露胎，足圈较窄，瓶体外施黄釉，通透莹亮，瓶身敦厚。

1983年五星茅台酒"五星黄酱"瓶体为黄釉瓷瓶，釉色细腻，瓶体规整，瓶底露胎。

1985~1992年初，茅台酒瓶底凹坑相对于1992年以后较深些。其中，1985~1988年圈足比较窄。

1986年五星茅台酒（五星黑酱）外施黑釉，线条突出。

三、酒标

1977年底至1983年1月茅台酒为"三大革命"背标。

1983~1986年茅台酒为"地方国营"背标。

1977~1980年茅台酒飞天背标字体较粗，背标图案红色和黑色较重些。

1982年前五星茅台酒注册标识图案有"三粒高粱穗"，同时1982年也有"两粒高粱穗"。

1983年后五星茅台酒注册标识图案有"两粒高粱穗"，高粱叶之间的色彩变为白色。

1978~1983年250克装的葵花茅台酒（小葵花）背标有两种，一种是1982年前"三大革命"背标，另一种是中英文对照说明的背标。

1986年飞天茅台酒正标右下角落款为"中国茅台酒厂出品"。

参照1958~1996年茅台酒瓶盖瓶底特征和1953~2021年茅台酒注册标识演变图示相对应年份的注册标识，以及1978~1986年图示的局部细节图，酒标看正标红色、烫金色、黑色线条；正标、背标和瓶体长时间贴合的状态，也就是包浆贴合是否自然，以及正标烫金氧化是否自然。

四、酒花

酒花在3200流明强光照射下保持时间约30秒。

五、日期

1977年茅台酒生产日期汉字和阿拉伯数字并存。

1978~1980年茅台酒生产日期都为阿拉伯数字，颜色为深蓝色。

1981年茅台酒生产口期汉字和阿拉伯数字并存。

1982~1986年初，生产日期为汉字。

1986年后期，生产日期为阿拉伯数字。

1987~1996年茅台酒鉴别要点

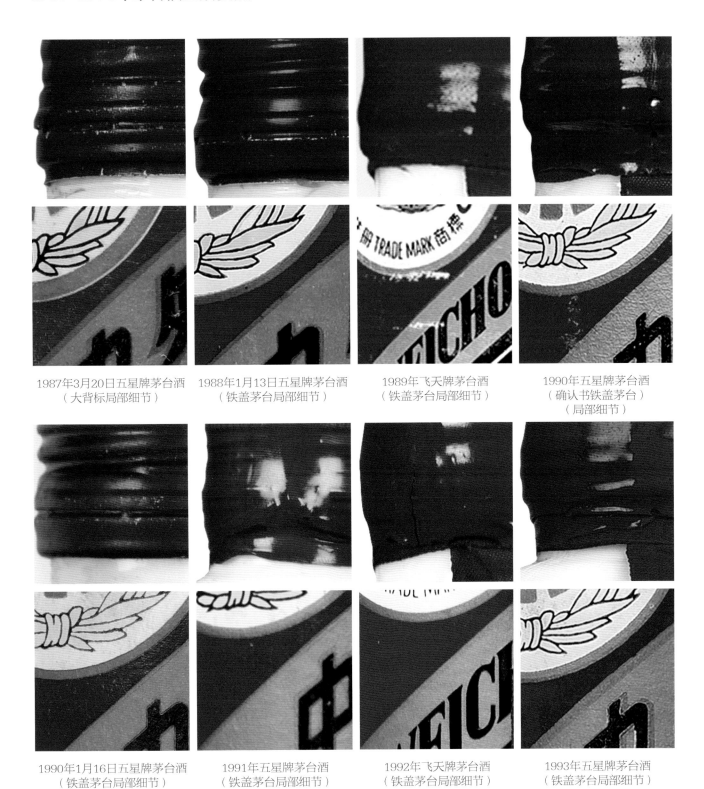

1987年3月20日五星牌茅台酒
（大背标局部细节）

1988年1月13日五星牌茅台酒
（铁盖茅台局部细节）

1989年飞天牌茅台酒
（铁盖茅台局部细节）

1990年五星牌茅台酒
（确认书铁盖茅台）
（局部细节）

1990年1月16日五星牌茅台酒
（铁盖茅台局部细节）

1991年五星牌茅台酒
（铁盖茅台局部细节）

1992年飞天牌茅台酒
（铁盖茅台局部细节）

1993年五星牌茅台酒
（铁盖茅台局部细节）

1994年6月22日飞天牌茅台酒
（铁盖茅台局部细节）

1995年五星牌茅台酒
（铁盖茅台局部细节）

1995年五星牌茅台酒
（铁盖茅台局部细节）

1996年飞天牌茅台酒
（铁盖茅台局部细节）

一、封盖

　　1987~1989年，茅台酒使用扭断式防盗铝盖。颜色接近正红色，有的近似于枣红色，浅红色；瓶盖材质硬度较好，喷涂均匀且薄，光亮、自然、平整；盖顶四周略有向下弯曲的弧度，防滑齿整齐规律，螺纹清晰、较深，与瓶体结合紧密，进出螺纹由深到浅延伸自然。扭断齿切口清晰自然无毛刺，底部收口平整与瓶盖整体呈直角状，少数呈弧形；盖顶的"贵州茅台酒"5个艺术字整体呈内外两个圆形，分别以盖顶为中心呈向外放射状（有少部分不居中），字体规整，边缘清晰，有银色和金色两种。

　　1989~1993年，茅台酒瓶盖有正红色和浅红色。其中，1990~1991年的瓶盖中有一部分瓶盖顶上的弧度较小，瓶盖基本是平的。

　　1987~1996年飞天茅台酒封口膜仍然有小麻点和气泡坑，其中1987~1989年的底边无翘起或翘起不明显。1992年以后封膜较之前长一些，底边多余部分翘起，收缩性好，与瓶体瓶盖贴合紧密。

　　1990~1991年飞天茅台酒膜颜色呈枣红色。1992年~1996年封膜颜色呈正红色，其中1991~1992年有部分封膜较薄，有的可以看清瓶盖顶部的字。1993年后，封膜较厚，基本不再能看清瓶盖上的字。

　　1994年末至1996年瓶盖上的"贵州茅台酒"为立体字，从铝盖上凸起。漆面更为光滑油亮，颜色较以前稍淡，喷漆也略厚。

　　1995年3月，使用喷码印在红色胶套上，印有三行数字，第一行为日期，第二行为批次，第三行为编号。

　　1996年8月19日茅台酒采用意大利生产的新型防伪防漏瓶盖，透明封膜。

　　暗记"茅台"：1987~1988年飞天茅台酒的封膜大部分不带暗记"茅台"；1989~1991年飞天茅台和1990~1991年五星茅台（五星正标、飞天背标）暗记"茅台"较小，笔划紧凑；1992~1996年飞天和五星茅台暗记"茅台"字体较大，笔划字体不完整或不明显。

　　1987~1991年底，五星茅台（五星正标、五星背标）没系有红丝带。1987~1996年飞天茅台和1990~1992年五星茅台（五星正标、飞天背标）都系有红丝带，两条红丝带都书"中國贵州茅台酒"。1992~1993年，五星茅台（五星正标、飞天背标）和1992~1996年五星茅台（五星正标、五星背标）都系有两条红丝带，一条书"中國贵州茅台酒"，另一条书"中國名酒世界名酒"。

二、瓶体

80年代中后期，瓶底的铸造线大多数为内圈窄，外圈宽。

1989年，瓶底开始出现圆圈图形和圆圈里面加"M"图形。

1996年中期以前，茅台酒瓶底是依然是写数字和生产厂家标记。1996年下半年开始，瓶底统一使用五星图案。

三、酒标

1987~1990年，五星茅台酒正背标无明显变化。其中1987年有一种特殊背标，红色边框较大，字体间距较大，俗称"大背标"，其中少部分瓶盖侧面印有"OPEN"标识。

1990年五星贵州茅台酒使用飞天背标，背标上加贴"贵州茅台酒確認書"标签，俗称为"确认书茅台"。其背标正文"高粱"误写为"高梁"，1992年改回"高粱"。1990年飞天茅台标图案线条比先前粗黑清晰，图案和颜色均比先前协调美观，正标右下角容量的标注有两种：一种是"500ML"，另一种为"500ml"。

1990~1991年底，五星贵州茅台酒（五星正标、飞天背标）两条红丝带都书"中國贵州茅台酒"。1992年开始，五星贵州茅台酒（包含五星正标、飞天背标）两条红丝带中，一条书"中國贵州茅台酒"，另一条书"中國名酒世界名酒"。

1991年1月8日，五星茅台酒盒正标、背标全面改版更新。线条图案轮廓更清晰，正标右下角厂家标注第一行"中国"，第二行为"贵州茅台酒厂出品"，下方增加酒精度及容量信息标注；背标的标题"茅台酒"字体由黑体改为隶书格式，正文仍为楷体。开始取消印有的" 年 月 日"字样。

1991~1993年，有部分五星茅台酒使用飞天茅台酒的背标。

1992年飞天茅台前标下方酒精度数"53%VOL"改为"53%（V/V）"，1993年5月也有一批"vol"。

1993年五星茅台背标改版，有食品标签的相关内容、具体的批号，生产日期再加手工盖印红色阿拉伯数字，到1995年。

约1993年起，茅台酒正标右下角背面盖印有红色数字、字母或数字和字母组合的印章。

1994年12月飞天茅台背标左侧麦穗的右边麦粒，第七粒与麦芒之间有一条小黑线暗记，此背标使用到2000年。

1995年五星茅台酒有两种背标：一种背标与1993~1994年格式相同，并标注红色生产日期；另一种背标印有"生产日期及批号见瓶口"。

1996年五星背标厂址由"贵州省仁怀县茅台镇"改为"贵州省仁怀市茅台镇"，并且"市"与其他字体不同，相较之下显得比较长。

参照1958~1996年茅台酒瓶盖瓶底特征和1953~2021年茅台酒注册标识演变图示相对应年份的注册标识，以及1987~1996年图示的局部细节图，酒标看正标红色、烫金色、黑色线条；正标、背标和瓶体长时间贴合的状态，也就是包浆贴合是否自然以及正标烫金氧化是否自然。

四、酒花

1987年末至1996年，酒体颜色整体较黄。

1987~1989年，酒香陈味较重。

1987~1993年，酒花持续时间长且稳定。

1994~1996年，有部分酒花稍弱，持续时间较短。

五、日期

1987~1989年五星茅台生产日期为"海蓝色阿拉伯数字+宋体汉字年月日"。

1990年初期五星茅台生产日期，初期为盖印在背标的蓝色数字，4月开始加盖蓝色数字、汉字在彩盒盖内食品标签上。

1990年4月至1993年5月五星茅台酒和1990年4月至1996年3月飞天茅台酒的生产日期，都是盖印在外盒盖内侧的食品标签上，同样为海蓝色小写数字（1990年有少量蓝黑颜色）和宋体汉字年月日组成，并开始有批次记录。

1993年中期至1995年下半年，五星茅台日期印在背标上，由上排批次加下排日期组成，颜色为红色。

1995年初，飞天、五星茅台生产日期均以喷码的方式标于瓶盖的胶套上。在放大的情况下观察，喷码落点清晰，边缘圆润，其中五星茅台酒背标红色字体生产日期同时存在，至1995年年底去掉背标生产日期。

1995年3月至今，封盖上日期及生产批次的黑色喷码工艺，书写的格式、工整性和黑色的鲜亮度对茅台酒鉴别真伪很有参考价值。

六、外盒

1987~1989年，飞天茅台包装为彩色外盒，内附瓦楞纸。

1986~1987年五星茅台彩盒上印有"地方国营茅台酒厂出品"字样，1987年改为"中国贵州茅台酒厂"。

1986年~1990年五星茅台酒度数和容量标注在包装盒上，1990年容量字母由"500ML"改为"500ml"，并且在"500ml"前后各加了一个小黑点，"108PROOF"改为"106PROOF"。

1986年末至1988年初五星茅台酒度数是54°，仅这一时期度数为54°。度数标识打印在外盒上，规格为500毫升。

1991年1月8日，五星茅台酒盒全面改版更新，线条图案轮廓更清晰。

1992年下半年，彩盒侧面的酒精度数标识由"53%VOL"改为"53%（V/V）"。

1993年8月26日起，茅台酒在彩盒顶部开始设置飞天标志激光防伪标，防伪标为激光印刷，对光变换角度标体呈现不同颜色，并增设条形码。

1990年，开始使用"食品小标签"，贴于彩盒顶盖内侧。飞天茅台与五星茅台相比没有"酒度"及"净含量"一栏。其中，净含量一栏的容量字母"m（小写）L（大写）"；酒度为"53±1%VOL"。

1992年中后期，飞天茅台改变小标签"标准代号"栏、"配料"栏内容，增加"净含量"、酒度数栏，取消"食品标签准印证"一栏。

1996年3月25日，茅台酒包装停止使用食品标签，将原内容印在彩盒侧盖上。

1996年，茅台酒随酒盒附带"启用新瓶盖"的介绍标签。

1996~2000年茅台酒鉴别要点

| 1996年8月21日塑盖五星牌茅台酒 | 1997年飞天牌茅台酒 | 1997年香港回归飞天牌纪念酒 | 1998年飞天牌茅台酒 |
| （局部细节） | （局部细节） | （局部细节） | （局部细节） |

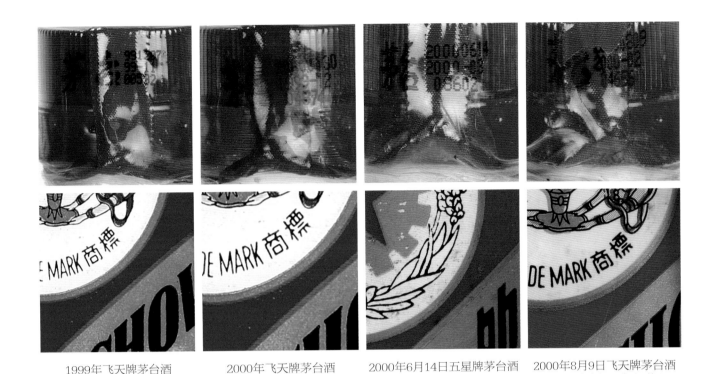

<table>
<tr><td>1999年飞天牌茅台酒
（局部细节）</td><td>2000年飞天牌茅台酒
（局部细节）</td><td>2000年6月14日五星牌茅台酒
（不干胶商标局部细节）</td><td>2000年8月9日飞天牌茅台酒
（不干胶商标局部细节）</td></tr>
</table>

一、封盖

1996年下半年至2000年，封膜无色，亮度强，封膜有自然的开裂，质地较脆、易碎。

1996年下半年至1997年，使用意大利防倒灌瓶盖，瓶盖为两节式红色塑料瓶盖，上部分有螺旋纹；瓶盖与瓶口由红色铝框固定，铝框四周有小圆形凹坑；瓶盖外系飘带套透明封膜，封膜上喷有日期、批次、编号三行数字喷码，无防伪标。

1998年1月至1999年3月，瓶口加贴美国3M公司的防伪标，白底红字，每行文字错位排列，并且每张标有固定三行字，但字数排列无规律。其中"茅"字的草字头右竖笔与下部"矛"字相连。另外，凡是"口"字型方框的竖笔下端均突出字体下端；"白标"两侧边缘不整齐，表面有磨砂感，用放大镜看整个标感觉是由无数个红白两色的泡泡状拼凑而成，黏性强，揭不掉；用专用灯光变换位置照射，能看见底层设置好的数码文字图案等信息。

1999年4月26日，使用加拿大蓝色防伪标，被称为"蓝标"，表面反光，深蓝色（似黑色）底，上面印有"国酒茅台"4个字，隶书体；中间是茅台酒厂厂徽，在不同的灯光变换位置照射下，文字图案变换不同颜色；此标使用到2000年6月份；用紫光灯照射大部分有"MT"。

2000年2月，使用"上海天臣"防伪标，该标具有隐形图案、镂空技术、动感秘纹、水印反射等4种防伪功能，标中间印有厂徽，且印有"国酒茅台"字样，在紫光灯照射下有防伪暗字"作废"两字，有部分只有一个"废"字。

二、瓶体

1996~2000年，茅台酒瓶体为乳白色玻璃瓶，瓶颈较短，瓶肩台阶轮廓相对凸起。

2000年，瓶底图案更加立体清晰。

三、酒标

1996年，飞天茅台酒的背标依然采用中英文对照的方式。

1996年，五星茅台的"五星标"右上角有两个地方高粱穗粒形状变化；背标食品信息进行了部分更改：取消生产日期、批号、食品标签准印证。

1997年，五星茅台正标"中国贵州茅台酒厂出品"下面有标示"53%（V/V）500ml"；背标"原料"栏，增加了一个"水"字。

1997~1999年五星茅台背标"生产日期及批号"一栏中"见瓶口"的"瓶"字的"并"上面左一点只有半截。

1999年下半年，五星茅台酒背标"厂址"一栏里的"仁怀市"的"市"字更改为同两边字体一样大小的字体。

1999年1月31日以后，飞天茅台酒背标"原料"栏，增加了一个"水"字。

2000年，飞天茅台启用"不干胶"商标，商标表面更加清晰、平整。飞天茅台的飞天商标中的飞天女皮肤部分出现红色网状暗格。

2000年下半年，飞天茅台修改正背标商标，开始使用不干胶正背标。

参照1953~2021年茅台酒注册标识演变史相对应年份的注册标识和1996~2000年图示的局部细节图，酒标看正标红色、烫金色、黑色线条；正标、背标和瓶体长时间贴合的状态，也就是包浆贴合是否自然，以及正标烫金氧化是否自然。

四、日期

1997~1999年使用胶套喷码日期，日期喷码在封膜上，所有的数字"0"，中间都有一个斜杠"/"，喷码点很圆，整体不是很方正，黑色有光泽或偶有黑灰色哑光，不易脱落。

1999年12月，喷码日期"0"字中间有斜杠"/"和无斜杠"/"同时存在。

2000年，生产日期第一排喷码改为8位数。

1998年1月至2009年2月，封盖前的防伪标识，封盖上日期及生产批次的黑色喷码工艺，书写的格式、工整性和黑色的鲜亮度对茅台酒鉴别真伪很有参考价值。

五、酒花

1996年末至2000年，酒体颜色较黄，酒花持续时间长。

1997~1998年，部分酒花时间较短。

六、酒盒

1999年，茅台生产带杯彩盒茅台酒。

2000年，在彩盒原标注容量度数侧面加印环保绿色标志。

2001~2009年茅台酒鉴别要点

2001五星牌茅台酒	2002年五星牌茅台酒	2003年飞天牌茅台酒	2003飞天牌茅台酒
（局部细节）	（局部细节）	（局部细节）	（铁盖局部细节）

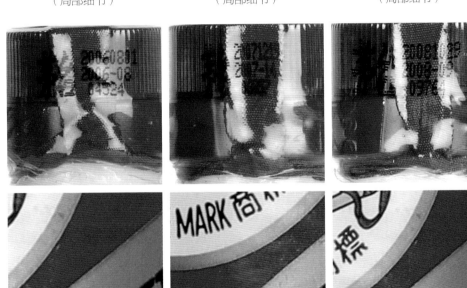

2003年国宴专用
（局部细节）

2003年人民大会堂
（局部细节）

2004年飞天牌茅台酒
（局部细节）

2005飞天牌茅台酒
（局部细节）

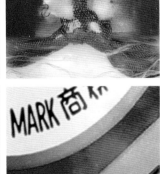

2006年飞天牌茅台酒
（局部细节）

2007年飞天牌茅台酒
（局部细节）

2008年飞天牌茅台酒
（局部细节）

2009年飞天牌茅台酒
（局部细节）

一、封盖

2001~2003年，茅台酒使用"上海天臣"防伪标，白底红字，用荧光照射"白标"部分底层有防伪暗字"作废"两字，有部分只有一个"废"字。

2001年下半年至2004年1月，茅台酒的封口喷码"茅台"两字中间有个小黑点。

2001年至2009年初，无色透明封膜，透明度极高，膜稍长，收口与瓶体贴合紧密，收口处不发黄。膜内不会出现杂质，封膜与瓶口下方红色铁环贴合度好，或多或少都有粘实的部分，粘实部分不会出现刮刷的刮痕感。有飘带，飘带结整体比较宽大，略凸起，顶部没有尖锐感。

2004~2009年，用荧光照射"白标"可以发现底层有防伪黑白相间的小方格，并且不相连；瓶盖顶部加贴兆信电码防伪标贴，防伪贴上的条形码略有凸起；条形码的竖条是喷墨打印机打上去的，边缘有飞溅的墨汁点，在光线下标底会有很多五颜六色的亮点时隐时现；飘带出现数字，一般为0~9阿拉伯数字。

2008年五星茅台酒瓶盖日期喷码"1"字的下端一横变成右端突出。

2009年2月23日以后，茅台酒封膜采用新型红色防伪胶帽，顶部圆盖片和四周"圆筒"组成，连接自然。手感润滑，上半部比下半部略细一点，封膜较紧且较短；胶帽上有隐身彩色字体，字体在光线下鲜亮且变色明显，角度不同颜色不同，封膜与瓶盖、铝框、飘带之间的凹凸沟壑处贴合紧密自然，上有隐身彩色字体，字体在光线下鲜亮且变色明显，角度不同颜色不同；拉线呈大红色，哑光，且有机器压痕留下的虚线排列的状小坑点。胶帽顶端四周略微突出一点呈小帽沿状，日期右上方帽沿下有隐形黑色小方点，用强光手电看明显些。胶帽"圆筒"在常光侧光下，能看见半隐半现的红蓝二色圆形茅台酒标志和"国酒茅台"4个字。胶帽"圆筒"用强光或荧光照射，能看见小字"国酒茅台"和英文"MOUTAI"字样。

二、瓶体

2001~2009年，茅台酒瓶体为乳白色玻璃瓶，瓶颈较短，瓶肩台阶轮廓相对凸起。

2001年，茅台酒的瓶底文字为"KWEICHOW MOUTAI CO LTD PRODUCE OF"（贵州茅台酒厂制造）；瓶底两束麦穗中间由三条线相连，两束麦穗不明显；外圈字母正面向心排列。

三、酒标

2001年，茅台酒前标厂名落款"中国贵州茅台酒厂出品"改为"贵州茅台酒股份有限公司出品"，背标文字改为简体字，前标标记出厂年份。

2002年，五星茅台酒的背贴执行标准改为"GB18356-2001"，五星商标线条加粗，黑色加重，右上方高粱穗粒变形，很多谷粒无间隔，粘连改变形状。

2003年，五星茅台酒将酒精含量标志于五星标下方为"53%V/V"。

2004年，五星茅台酒的"飞天标"中的飞天女身上不再有网状暗格。

2004年，五星茅台酒的背标第一次使用红白相间的底色、左右两支麦穗，开始使用飞天样的背标。

2005年下半年，茅台酒背标增加年份的标注，前标原标注年份的改为标注容量"500ml"。

2005年，飞天茅台酒使用单中文背标。

2009年，茅台酒的背标加了条形"物流码"，背标正文第二行"国酒"的"酒"字，"酉"字里面一横和两边竖道留有缝隙，其他的"酒"字，"酉"字里面一横和两边无缝隙。

2001~2009年，茅台酒的商标文字改为"贵州茅台酒股份有限公司出品"，在商标处标记出厂年份；商标色泽光亮油润，手感舒适滑腻各颜色搭界处都要外扩一点，搭界处自然重叠，金和黑交界处重叠最为明显，重叠也使"KWEICHOW MOUTAI"、"中国驰名"的字体和背标的麦穗的立体感和层次感更强，视觉效果好。

参照1953~2021年茅台酒注册标识演变图示相对应年份的注册标识和2001~2009年图示的局部细节图，酒标看正标红色、烫金色、黑色线条；正标、背标和瓶体是否为一次性的自然贴合，无褶皱，无翘边。

四、日期

2001~2004年，茅台酒第二排第二个"0"相比其他的"0"都要宽一些。有两种喷码字体：一组"1"字带横杠，"3"字顶部是平一横，"5"字下面一横左侧向上弯钩；另一组"1"字不带横杠，"3"字顶部是圆弧形的半弯，"5"字下部一横是平的不带勾。两种字体轮换使用，但不混合使用。

2001~2009年，日期喷码在封膜上，喷码日期中的"2"和"0"连接在一起，没有间隙；喷码圆点很圆，喷码整体不是很方正，基本都有自然弧度的弯曲或喷射状的扩散，黑色有光泽或偶有黑灰色哑光，大小均匀不粘连，边缘规整清晰没有锯齿状油墨比较薄没有堆积感，不易脱落。

1998年1月至2009年2月23日，封盖前的防伪标识，封盖上日期及生产批次的喷码工艺，书写的格式、工整性和黑色的鲜亮度对茅台酒鉴别真伪很有参考价值。

五、酒花

酒色微黄，酒花较好。

六、酒盒

2004年6月，茅台酒的彩盒侧面上方有"有机食品"认证标记。

2005年，茅台酒的外包装箱使用喷码大字打印日期。

2006年上半年，茅台酒的彩盒前标上的酒精度写法有"53%（v/v）"，也有"53%VOL"。

2006年下半年，茅台酒的彩盒和前标上端"53%vol"，前标下端"53%VOL"。

2008年下半年，飞天茅台酒前标下端容量度数"53%vol"。

2009~2021年茅台酒鉴别要点

| 2009年2月24日飞天牌茅台酒（局部细节） | 2010年飞天牌茅台酒（局部细节） | 2011年飞天牌茅台酒（局部细节） | 2012年飞天牌茅台酒（局部细节） |

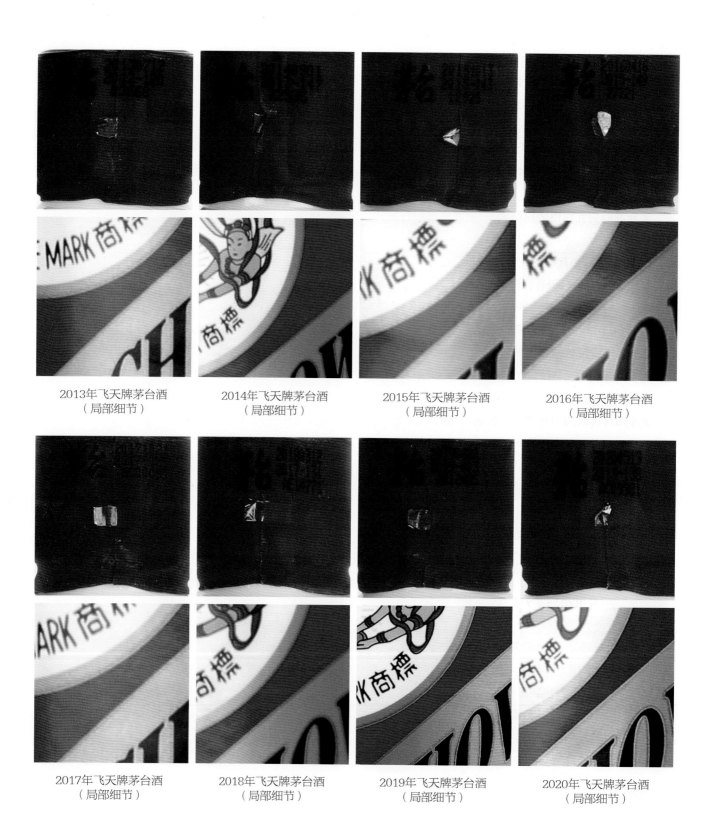

2013年飞天牌茅台酒
（局部细节）

2014年飞天牌茅台酒
（局部细节）

2015年飞天牌茅台酒
（局部细节）

2016年飞天牌茅台酒
（局部细节）

2017年飞天牌茅台酒
（局部细节）

2018年飞天牌茅台酒
（局部细节）

2019年飞天牌茅台酒
（局部细节）

2020年飞天牌茅台酒
（局部细节）

一、封盖

2011年，茅台酒的喷码批次由2位数字升级为3位数字。

2013年5月以后，茅台酒新推出了射频识别（RFID）技术电子防伪装置，瓶盖上面开始有防伪芯片。

2013年，茅台喷码的"茅"字草字头开始陆续有缺口，"台"字左下有空白点。

2014年下半年，开始有"MT"暗记，防伪隐约为椭圆形，用茅台专用识别器看顶膜边缘有"M"字样，对应的侧膜上有"T"字样。

2017年12月左右，茅台封膜顶部的齿轮数由14个改为13个，齿变大，五角星比之前变大；同时五角星上面角正对的齿轮和这个齿轮向左数第5个齿轮的内部由方形改为圆型，其余都是方形。

2017年，茅台酒在瓶盖封膜喷码第三行，增加英文字母，以"A+"形式排列，代表生产包装班组序号；胶帽上有不明显的黑色方块暗记。

2018年，茅台酒红帽"MT"暗记底部为弧形。

2019年8月17日，茅台酒带"国酒茅台"都改为"贵州茅台"，"国酒茅台"不再使用。

二、瓶体

茅台酒瓶为乳白色玻璃瓶，瓶颈较短，瓶肩台阶轮廓相对凸起，瓶底图案清晰。

三、酒标

2010年开始，背标物流码在亮光下会发彩光，如果酒瓶在晃动情况下，七彩光则更璀璨夺目，在放大镜下呈模糊状。条形码小标和背标颜色一致为白色。

2011年10月份以前，茅台酒物流码海蓝标蓝色部分呈点状。10月份以后，海蓝标蓝色部分呈网状。

2012年10月份以后，茅台酒背标加有机码，由17位阿拉伯数字组成，用强光正面照射数字有反光。"有机码"3个字和17位数字全由无数个不规则的细小板块组成，使用高倍数放大镜才能看见。

2012年，茅台酒背标数字"2012"有两种字体，同一天日期、同一批次也有两种字体。

2019年8月17日后，"国酒茅台"正式改成"贵州茅台"。背标文字内容中两个"特"，8月16日前是上开下连，8月16日后改为上连下开。酱香突出的"突"字最后一点也从之前相连改为分开。

2020年3月，茅台酒物流码"贵州茅台"的"州"字中间一竖在紫光灯照下变为玫红色。

参照1953~2021年茅台酒注册标识演变图示相对应年份的注册标识和2009~2021年图示的局部细节图，酒标看正标红色、烫金色、黑色线条；正标、背标和瓶体是否为一次性的自然贴合，无褶皱，无翘边。

四、日期

2009年2月24日至2021年，封盖上日期及生产批次的喷码工艺，书写的格式、工整性，有黑色的鲜亮度；胶帽开启拉线及胶帽结合胶粘处是否为自然的一次性贴合，对茅台酒鉴别真伪很有参考价值。

五、酒花

2012年7月至2014年9月，酒花较弱持续时间较短。

六、酒盒

2010年8月起，茅台酒包装箱内随箱装的"贵州茅台酒装箱单"改为"产品合格证"，将原"单位"一项改为"检验员"一项。

2012年，茅台酒包装彩盒的两个小盒盖上端，各有两个小凸点，凸点之间距离不对称。

2017年7月以前，茅台酒箱子的生产日期带"/"；7月以后"/"取消，例如，20170805。

重要提示：

1.关于打孔酒、高压酒、拔头酒的问题，本书不作阐述，以免误导读者。

2.鉴别茅台酒最重要的依次是：①瓶盖的封帽、防伪、日期，②酒标，③闻香，④酒花，⑤外包装盒等。

3.对于刚入门的茅台酒收藏爱好者，首先要找对渠道，其次要跟经验丰富的职业茅台酒收藏家系统学习。

4.本书鉴别技术支持者：梁万民、邵文宝、梁万峰、杨振龙、陈伟宏、孙书立、贾彦武、林丽香等老师。

5.本书阐述的茅台酒鉴别要点仅供参考。

6.本书拍卖信息来源 www.auction.artron.net。